WWF

ようこそ自然保護の舞台へ

WWFジャパン 編

地人書館

環境保全に参画する——観客席から舞台の上へ

放送大学教授／ＷＷＦジャパン常任理事　岩槻邦男

二〇世紀に飛躍的に進歩した科学技術は、人々の生活を健やかで豊かなものにする一方で、地球の表層に癒しがたい傷跡を刻み込んでしまった。犯した過ちを改め、二一世紀とそれに続く歴史に向けて地球を持続する環境保全は、万物の霊長と自分を誇る人にとって、直面する最大の課題である。

環境の問題は、政策決定者が有効な手段を講じ、科学者が技術の粋を尽くして対応し、自然保護関係者が問題点の指摘を続けていなければ、改善に向けて動くことは不可能である。しかし、そうは言いながら、この問題は政策決定者や科学者や自然保護関係者だけで解決できるものではないことを指摘しなければならない。これらの人々の積極的な行動なしに改善の図れない課題ではあるものの、解決のためには、地球に生きるすべての人たちの英知ある行動を必要とするのである。地球に生きるすべての人たちの参加なしに、環境の保全はあり得ない。

本書は、政策決定者でもなく、専門分野の科学者でもなく、専業の自然保護家でもない人たちが、地球の表層で今何が起こっているかを学び、そこに生じている病弊をいかに癒すかという取り組みを行なってきた活動の記録である。これらのうちのどれか一つが地球を救うという行動ではない。しかし、一つ一つは地球から見れば一見小さい成果しか生み出せないようで、これらの行動を積み重ねないと明日の地球の健全な持続はあり得ないという性質のものである。

二〇世紀は人類の繁栄を見る世紀であると同時に、地球にとっては人為・人工の影響を蒙って甚だしく病み傷ついた世紀だった。二一世紀に入って、ますます人の繁栄が期待される。しかし、その繁栄は地球を犠牲にして全うされるものではない。地球に生み出され、地球に生きる人にとって、地球の健全な持続なくして繁栄はあり得ない。二一世紀は、地球と人が相たずさえて健やかな歴史を構築すべき世紀である。そのために、政策決定者や科学者や自然保護家の活発な行動が期待されるのと同時に、地球に生きるすべての人が母なる地球の保全のために、それぞれの立場で最善の努力を注ぐことが期待されるところである。

本書に紹介された事例は、ＷＷＦジャパンの助成（234ページ参照）を受けて遂行された活動の記録である。このような記録が編めることは、それだけの地道な努力が何年もかけて積み上げられたからこそである。この記録を読む機会のある人は、たぶん、環境保全への取り組みは特殊な人たちの特殊な活動ではなくて、地球に住むすべての人が意識し、行動すべき課題であることを読み取ることができるだろう。本書が、ＷＷＦジャパンを核にして始まったこのような活動を、地球に住むすべての人の行動の環に広げて行くきっかけになれば、明日の地球は安心であると言える。本書を編むために努力されたすべての人たち、本書の読者の人たちと一緒に、私たちすべての人が住む健全な地球の明日を夢見たい。

ようこそ自然保護の舞台へ　目次

●一人一人が特技を生かして、楽しみながら干潟を守る――曽根干潟
山本哲江（曽根干潟を守る会）34

●やんばるで人と自然の共生を模索する
浦島悦子（奥間川に親しむ会）41

●住民の思いと粘り強さが国や県を動かした――雑賀崎
中畑きぬ（雑賀崎の自然を守る会）49

第2節　この自然をいつまでも残したい！……57

●自然観察の積み重ねで海上の森の価値を伝える
曽我部行子（ものみ山自然観察会）57

●シオマネキがダンスする吉野川干潟を守る心を子どもたちに伝えたい
井口利枝子（とくしま自然観察の会）65

●世界遺産「白神山地」の保護と利用と再生に取り組む
永井雄人（白神山地を守る会代表理事）73

第3節　かつての豊かな自然を取り戻したい！……81

●霞ヶ浦アサザプロジェクト――市民による公共事業で湖に自然を取り戻す
飯島　博（霞ヶ浦・北浦をよくする市民連絡会議）81

●藤前から始まる干潟と海の復活
辻　淳夫（藤前干潟を守る会）　91
●東京最後の里山・横沢入の将来をみんなで考える基盤づくり
中野　勝（ムササビの会）　98
●市民参加による田んぼや森の保全と再生　――狭山丘陵菩提樹
榎本勝年（山口の自然に親しむ会）　107
第4節　希少動物を絶滅から救え！……………………………115
●ナキウサギの生態調査を運動へ生かす
小島　望（岩手大学大学院 連合農学研究科）　115
●「みんなでやろうよ」　――ヤマネと森　そして、人々のために
湊　秋作（やまねミュージアム館長）　125
●生態調査・研究は希少鳥獣の保護には欠かせない　――アマミノクロウサギ
杉村　乾・山田文雄（奄美希少鳥獣研究会）　132
第5節　人と野生動物の共存を実現したい！………………139
●賛否両論を呼ぶ「クマの畑」の解釈と効果
板垣　悟（ツキノワグマと棲処の森を守る会）　139

●カモシカやシカとの共存のために　――新しい野生動物文化をめざして
高柳　敦（カモシカの会関西）　147
●野生動物のリハビリテーター養成のために
加藤千晴・葉山久世（かながわ野生動物サポートネットワーク）　154
●クビワコウモリの保護から　――誤解や偏見をなくし、もっと知ってもらいたい
山本輝正（岐阜県立八百津高等学校・コウモリの会・クビワコウモリを守る会）　163
第6節　自然に関心を持つ人を増やしたい！……171
●署名をきっかけにたくさんの仲間が集まった
佐野郷美（市川緑の市民フォーラム）　171
●どこでも誰でも、クリーンアップなら簡単！
小島あずさ（JEAN―クリーンアップ全国事務局）　179
●市民参加による環境調査が自然保護運動の武器となる　――タンポポ調査
木村　進（社団法人大阪自然環境保全協会タンポポ調査委員会）　186

第3章　さあ、舞台へ飛び出そう　195

第1章

自然保護の舞台を作る人たち

「舞台」という言葉を聞いたとき、あなたなら最初に何を思い浮かべるだろうか？　芝居、ミュージカル、オペラ、オーケストラやバンドの演奏。比喩的に考えるならスポーツの試合、はたまた人生、なんて答えもあるだろう。「パリを舞台に活躍する」といった表現もあるように、自分が力を発揮する場所のことを舞台と重ねる人も多い。

さて、自然保護。これも、舞台にたとえることができる。日本中、世界中の「自然保護の舞台」で演じられるのは、近所の小川の保護活動のような、ごく身近なものから、地球規模の温暖化防止まで、実にさまざまな演目だ。

動物や草花が好きだったり、森を歩く楽しみを知っている人たちの中には、ぜひともこの舞台に飛び込んでみたい、と考えている人が少なくないはずだ。また、荒れていく自然を見るにつけ、水や食べ物の安全に不安を感じるにつけ、自分も自然保護のために何かしなければならないと、焦りに似た思いを抱えている人もいることだろう。ところが、実際に行動してみようと思うと、なかなかチャンスがなかったり、時間に余裕がなかったり、あるいは自然を守る活動について具体的なイメージが描けなかったりする。その結果、次のような疑問が心に居座ることになってしまう。

「自然を守るために何かしたいのはやまやまだけど、一体、どうしたらいいの？」。

その答えを知るために、自然保護の舞台関係者を、少し詳しく見てみよう。自然保護にも役者がいて、裏方がいて、スポンサーがいて、観客がいる。そして、それぞれが、欠くことのできない役割を持っている。誰も彼もが役者にならなければ自然保護ができないわけではなく、むしろ、それぞれが自分の背丈に合った役割を見つけ、長くそれを勤め続けていくことのほうが大切なのだ。なぜなら、自然保護の舞台は超ロングラン。何年も続けてこそ、大きな成果が得られるものだからである。

1．役　者　＝　自然を守る活動に直接かかわっている人々

ここでいう役者とは、生き物や自然環境を守ろうと、時間と体を使って活動している人たちと考えることができる。この中には、自然保護を仕事にしている人と、仕事は別に持ちつつ、プライベートの時間を使って活動している人がいる。

■――仕事として自然保護に取り組む

自然保護を仕事にしている人として、まずイメージされるのは、ＷＷＦ（世界自然保護基金）や日本野鳥の会、日本自然保護協会などのＮＧＯ（非政府組織）のスタッフ、そして、二〇〇一年一月に「庁」から「省」に変わった環境省の職員だろう。自然科学系の博物館やビジターセンターで、

自然保護の仕事をしている人たちもいる。

中でも看板役者といえるのが「レンジャー」。自然や動物が大好き！という子どもたちにとってのあこがれであり、ほとんどの人が「自然を守る人」と聞いて思い浮かべる姿だ。ただし、日本人の多くが描くイメージは、どちらかというとアメリカの国立公園のレンジャーに近いもの。日本の環境省に所属するレンジャーは、事務仕事もたくさん抱えていて、自然に接する時間は意外と少ない場合もあるようだ。それでも、最も自然に近いところで働ける職業の一つと言えるだろう。

自然保護の仕事は、人を相手に行なうものも結構多い。開発と自然保護とがぶつかった時には、事業者側と話し合い、そして、必要があれば計画を見直すよう説得する必要が出てくる。また、たとえば地球温暖化の防止をめざす場合であれば、企業や一般の人々に対して、ライフスタイルを変えることまで含めて、協力を呼びかけていくことになる。NGOのスタッフともなれば、活動に使う資金集めも重要な仕事の一つだ。

■――市民グループや個人で活動する

自分のプライベートな時間を、自然保護のために費やして活動している人たちがいる。「○○○を守る会」「△△△研究会」などのグループを作っている場合が多いが、個人で取り組んでいる人もいる。経歴もさまざまだ。子どものころから自然が好きで、裏山へ出かけたり、虫を追いかけたりしているうちに、その地域の「自然博士」になった人。大学で研究していた生き物の保護活動にかかわるようになった人。社会的な正義感がきっかけだったという人。自分の生業に危機を感じた農業・漁業・林業関係者。近所のおつきあいから始まって、今では自分のほうが一生懸命になっちゃった、という人……

日本ではこれまで、特に自然保護に関しては、市民の声が政府や自治体、大企業などの計画に大きく反映されることはきわめてまれだった。しかし、その状況が少しずつではあるが、変わってきている。その要因の一つが、実力のある市民グループが増えてきたことだと言えるだろう。地域の自然に関する科学的なデータを揃えていて、時には開発計画に対する代替案さえ作ることができる。冷静に話し合うことができ、多くの人を引っ張っていけるリーダーもいる。

本書の心臓部である第2章は、日本各地の自然保護活動の例を具体的に紹介する内容となっているが、その語り手はこの、市民グループあるいは研究者として、今現在、ホットな活動を展開している人たちである。

2. 照明係、音響係、宣伝係 ＝ 活動を紹介、宣伝する人々

どれほどよくできた芝居であっても、誰かに見てもらえなければ、伝えたいことは広がっていかない。今、まさにここが見どころ、という場面にスポットを当てたり、より確かに演出意図を伝えるために音楽で盛り上げたり、何日の何時からどこで芝居をやりますよ、と宣伝したりする人たちがいなければ、舞台は成り立たない。

■──役者が自分で宣伝をする

自然保護の場合には、役者が照明・音響・宣伝係も兼務する。自分たちが取り組んでいる活動の内容や目的を発表し、一人でも多くの人に理解してもらい、支援してもらうことが必要だからだ。

グループや組織という形を取っていれば、生き物の研究を主に担当する人、イベントを企画・実行する人、ニュースレターを作る人など、役割分担をすることができる。だから、自分は動物や植物に詳しくないから自然保護活動はできない、とあきらめてはいけないのだ。むしろ、自然をじっくり観察するのを好むような人には、どうも宣伝などは苦手というタイプが多かったりする。宣伝

が得意、というキャラクターは、きっとあちこちで歓迎される人材となるだろう。

■──外部からスポットを当てる

一方、保護活動のメンバーに入っているわけではないが、ときどき照明・音響・宣伝の役割を担う格好になる人がいる。テレビ、新聞、雑誌などで自然保護問題を取り上げる人たちだ。マス（mass＝多数）コミと言われるだけあって、彼らによって報道された話題は、驚くほどの広範囲に届くし、その分、影響力も大きい。

もっとも、実際に保護活動に携わっている人たちが伝えたいことと、マスコミの人々が取り上げたい話題が違う場合もある。報道側には報道側の事情、つまり、話題選びのポイントがあるのだ。たとえば時事性が高い、話題性がある、何かが決定した、おもしろい映像がある、などだろうか。

保護活動をしている人たちにとっては、地味かもしれないけど、これがどうしても重要なんだよね、という活動はいくつもある。そういうものについては、やはり自分たちでスポットを当て、宣伝していくことになる。

3・大道具・小道具係　＝　技術や場所の提供者

とある町で、自然が好きな人たちが集まって、月一回、観察会を○△山で行なっていたとしよう。ある日、彼らが山の登り口まで行くと、真新しい看板が立っていて、この山に道路を通すことになったので、測量を行ないますと書いてある。

まさに青天の霹靂。しかし、その驚きがおさまってくると、彼らの心にまず浮かぶのは、道路を造ったらこの山の自然が壊れてしまう、という心配だろう。次に、何のために林道が必要なのか、本当に必要なのか、という疑問が湧いてくる。月一回、楽しく自然観察をしていたサークルが、自然保護の舞台の真っ只中に放り出された瞬間である。

■──効果をより大きくする

彼らには、長年、○△山の自然を見てきた経験がある。しかし、そんな彼らが「○△山の林道建設反対」「○△山の自然を守れ」といったプラカードを掲げても、まず、計画は止まらないだろう。そこで、作戦が必要になってくる。まず、○△山の自然がどれほど豊かなものかを示すデータを集めよう。○△山の保護に協力してくれるよう呼びかけるポスターを作って近所に貼り出そう。○△山は「鳥獣保護区」に指定されているはずだが、それでも林道開発などしていいのかどうか調べてみよう……。

こうした作戦への協力者として登場するのが、「大道具・小道具係」の人たちだ。○△山の自然がどれほど豊かかを調べる調査に、動物や植物の専門家が協力してくれたら、より説得力のあるデータを揃えることができる。これまで観察会で蓄積してきたデータも、もっと活かすことができるだろう。かっこいいポスターが出来上がっても、勝手に貼って歩くわけにはいかない。○△山の自然保護に共感してくれる誰かが、家の塀や、店先などをポスター貼り出し用に提供してくれなければ、ポスターは日の目をみることができない。

鳥獣保護区については、ただでさえ難解な法律の文章を読み解かなければならないが、法律家が、ちょっとした相談にのるくらいならボランティアで手伝うよ、と言ってくれたら、ずいぶん心強い。

このように、自分が持っている技術や技能、土地や場所の提供は、活動の効果を何倍にも高める。まさに、舞台を効果的に演出するのに欠かせない大道具・小道具係と言えるのだ。

4. 観客、あるいはスポンサー＝力と資金と気持ちの協力者

役者は揃った。照明、音響効果もばっちりで、舞台上のセットも実によくできている。宣伝のダイレクトメールも一カ月前に出してあるし、情報雑誌に舞台の写真とスケジュールも載った。ところが、いざ幕を開けてみたら観客が一人もいない。

考えただけで背筋が凍るシーンだ。悲劇というほかはないだろう。自然保護の場合も、実は同じなのだ。

■——状況を変える力になる

ここで観客にあたるのは、「関心を持って事態を見守っている人」である。ただし、決して傍観者ではない。自分自身の問題として考え、意見を持ち、解決を望んでいる人たちである。その意味では、非常に熱心な観客と言える。そして、機会があれば、どんどん舞台にのぼっていく可能性のある人々だ。

たとえば、自然保護グループの呼びかけに応じてイベントや保護活動に参加する。自然保護に関

連のあるイベントに赴く。友人や家族を誘って関心の輪を広げる。講演会を聞きにいって、そこで得た情報を周囲の人にも話す。日々の暮らしの中で、自然に与えるダメージを減らす努力を続ける。

また、熱心な観客でもあり、さらに自然保護の資金を提供するという形で協力している人もいる。WWFや野鳥の会などのNGOが、自然を守るためにいろいろな活動ができるのは、まさに「会員」になったり、寄付をしたりという形で協力している人々がいるからこそなのである。そういう意味では、彼らをスポンサーと言ってもいいかもしれない。

こうした「熱心な観客」や「スポンサー」がいなければ、自然保護は、あっという間に頭打ちになってしまう。一部の人たちが集まって、いくらワーワーやったところで、それは大きな流れを変えていく力にはなり得ない。日本では、活動の中心にいる人以外は、特に何もしていないように言われてしまう、あるいは自分でそう考えてしまうきらいがあるが、それは違う。関心を持ち、呼びかけに応じる人の存在が大きければ大きいほど、状況を変えていく力は強くなる。資金援助という形での協力があってこそ、自然保護の超ロングランな舞台の土台は、ゆるぎないものになっていく。

こうしたことは、日本においてもっと意識され、尊重されなければならない。

*　*　*

さて、大まかではあるが、以上が自然保護の舞台関係者の紹介である。世の中には必ずと言っていいほど例外があるので、これにあてはまらない場合も、もちろんあるだろう。それでも、自然を守るために自分も何かしてみたいと考えたとき、どのようなかかわり方ができるのかを考える一助にはなるはずだ。

役者になりたいと考えるのであれば、自分が取り組むテーマを探し、必要に応じて仲間を探し、先輩たちにハウツーを聞くなどして、船出していけばいい。また、自分が今いる立場を活かして、照明係として、あるいは大道具係として協力できる方法を考えてみてもいい。熱心な観客として応援し続けることも、大変だが重要な役割だ。

そして、もう一つ大切なことは、一つの役割に固定される必要はないという点だ。時には役者であり、時には観客であり……という柔軟なやり方のほうが、結局は長続きする。自然保護活動を成功に導く重要ポイントは、長丁場になっても飽きず、あきらめず、悲観せずに続けることにある。また、何人もが、幾通りもの役割を担うようになれば、それだけ自然保護の地盤は強くなっていくだろう。

第２章

各地の舞台で活躍する人たち

第1節　今やらなければ、もう失われてしまう！

無名の小さな湿地が世界の「中池見」に

笹木智恵子（中池見湿地トラスト「ゲンゴロウの里基金委員会」）

■――国際会議で世界へアピール

ミレニアムの記念すべき年（二〇〇〇年）の夏、八月六日から十二日にかけてカナダのケベック市において、国際的な四つの団体（国際泥炭学会＝ＩＰＳ、国際生態学会＝ＩＮＴＥＣＯＬ、国際湿地保全連合＝ＩＭＣＧ、湿地科学者会議＝ＳＷＳ）が共同主催する、国際泥炭・湿地会議が開催されました。

中池見《なかいけみ》湿地の全域保護を訴えるべく私たち十一名が会場に出掛け、ポスター、ブース展示、ビデオ放映などで参加者に中池見の自然のすばらしさをアピールしました。

そして、十日にはＩＰＳとＩＭＣＧ共催で「中池見湿地シンポジウム」が開かれました。開発側

天筒山中腹から見た中池見湿地．保全エリアは右端尾根陰の3ha．（撮影：笹木 進）

の大阪ガス㈱と全体保護の必要性を訴える研究者を交え、地元敦賀の地図にも記載されていない小さな湿地をめぐって、世界の研究者たちが予定の時間を一時間もオーバーして、真剣に議論したのです。

会の終了後、ＩＭＣＧのリンゼイ博士（英）が、「私は、中池見の保護運動にかかわることができ、とても光栄です。これから、ますます中池見は世界に知られることになるでしょう。私も努力します」と、私に手を差しのべ、話されました。思いもよらない温かい言葉です。中池見の自然を開発ではなく野外の博物館として残してほしい、という運動を始めて十年目の出来事です。敦賀の市民すら知る人の少なかった湿地・中池見が世界の中池見になったことを実感した一瞬でした。

一九九九年十月、大阪ガスは、会社の経済的理由により、この中池見湿地に計画中の液化天然ガス（LNG）基地建設工事を十年間延期すると発表しました。中池見の自然を考慮しての延期ではありません。利益優先の日本の企業ですから、いつ撤回され、方針が変更されるかわかりません。地球規模での自然破壊・環境問題が叫ばれている昨今でも、住民の安全、安心を守るべき行政（福井県・敦賀市）は、自然保護よりも開発優先の体質は変わらず、どのような企業でも誘致をし、未買収の地権者に、公と私を駆使して企業の土地取得に協力するのです。このような地元の状況のなか、中池見湿地と周辺の里山の多様性に富んだ自然の豊かさに、世界の人たちが注目したのです。

■——中池見湿地の泥炭層と豊かな生物相

中池見湿地は、敦賀の市街地のはずれにあります。天筒山《てづつやま》（一七一メートル）、中山《なかやま》（一一〇メートル）、御山《おやま》（一六七メートル）という里山に囲まれて、盆地のようですが、深いすり鉢状で、四五メートルもの泥炭が堆積した「袋状埋積谷《まいせきこく》」という地形で、広さ二五ヘクタールの湿地です。一〇万年分の泥炭層は、過去の火山灰の層も破壊されることなく堆積し、その層序は地球の歴史年表とも言えます（図1参照）。

一九九九年春、コスタリカでラムサール会議が開催されました。それに先立って行なわれた「地球生物多様性フォーラム」の泥炭湿地分科会に急遽参加が認められた斉藤慎一郎氏（中池見湿地トラスト会員）と高木文堂氏は、中池見湿地の泥炭層と危機的現状について報告しました。その会議で大阪ガスのLNG基地建設着工が二〇〇〇年と知ったこの分科会に参加の一二団体が連名で、福井県知事、敦賀市長、大阪ガス社長宛に声明文を送りました。格式ある同フォーラムの長い歴史の中で異例のことだそうです。また、同文を送付したことを環境庁長官にも伝えました。

湿地の水は空から降る雨と、周囲の里山からの湧水だけで維持されています。湿地と里山には多様な生態系があり、湧水は場所により水質が異なり、多様な水環境が植生の違いにも見られます。寒地系植物のミツガシワ、休耕田にはデンジソウ、ミズニラをはじめヒメビシ、イトトリゲモなどの水生植物が、モザイク状に生育しています。ある研究者は、「絶滅危惧種の博物館のようだ」とも言っています。

昆虫相も豊かで、トンボ六七種、ゲンゴロウ一三種、オオコオイムシやミズカマキリなども自分のエリアを主張するような姿で生息しています。小川にはメダカがあちこちに学校を開校し、大群で泳いでいます。イモリ、アブラボテ、ホトケドジョウ、フナやナマズなどが泳ぎ、初夏にはカエルの合唱の中で、ゲンジボタル、ヘイケボタルの乱舞も見られます。テントウムシの新種、ナカイケミヒメテントウも発見されました。

環境のバロメーターとも言われるクモ類も、コガネグモやハエトリグモ、トリノフンダマシなど、一一〇種が確認されています。福井県の環境アセスメントの調査項目に入っていないクモ類です。福井県では、専門の研究者が少ないためか他県に比べ、あまり詳しく調査されておらず、中池見のクモもまだ十分に調査されていません。今後の調査によっては新たなクモの報告が予想されます。

野鳥類も多く、一〇〇種を超え、その中でも食物連鎖の上位に位置するオオタカ、クマタカ、ハイタカ、ハチクマ、ミサゴなどの猛禽類が一一種観察されています。調査を続けている日本野鳥の会会員の横山大八氏、吉田一朗氏、ワシタカを見つめる会のメンバーは、「湿地は猛禽類にとって重要なハンティングエリアになっていることが確認できた」と述べています。

哺乳類も市街地に隣接しているにもかかわらず、カヤネズミ、テン、ヒミズ、ニホンノウサギをはじめ、ニホンカモシカなど二〇種が報告されています。ニホンカモシカは頻繁に目撃され、食痕も多いことから、中池見を囲む里山に定着し、縄張りを形成していると考えられます。湿地と周囲の里山が哺乳類にとって良好な水環境と多様な食物を保証し、大、中、小の多様な哺乳類の存在が、猛禽類にとっても豊富な食物源となっています。

中池見湿地第二次学術調査において、大阪ガスのLNG基地建設で消滅が予想される中山では、環境アセスメントでも記載されていなかった、福井県初記録の植物であるヒメクロモジ、イヌガシ、シウリザクラなどの生育が確認され、また、地理的・生態的分布上希少種、あるいは希産種に相当する、オオウラジロノキ、ヨコグラノキ、シライトソウ、クロヤツシロランなども確認されました。今後、コケ類も含めた全域での調査で、新たな報告が期待されます。

カナダでのシンポジウムでも、参加者から、湿地の水環境が専門的に調査されていないことを指摘されました。大阪ガスの調査報告では、とても国際レベルでは通用しないようです。国際生態学会の湿地問題研究班は、このシンポジウム終了後、決議文を採択し、環境庁長官、福井県知事、敦賀市長、大阪ガス社長に送付しました。

■――本当の保全のために

さて、開発計画前の中池見を知る人は、今の中池見を見て涙するでしょう。山道を登り詰めたところから見られた湿地の美しい、のどかな風景は、大阪ガスの保全エリア（三ヘクタール）と称する人工庭園造りのために、斜面は削られ、湿地内の縄文時代の杉の切り株（根木《ねき》）は掘り起こされ、無惨な姿です。完成後、周囲は金網に囲まれ、赤外線センサーと監視カメラ、サーチライトに見張られる絶滅危惧種の強制収容所になってしまいました。そして、湿地の中には、この工事用道路が無惨な姿で横切っているのです。国道8号バイパスは、湿地箇所の工事の失敗から開通後も沈み続けています。また、これら工事等に関連してか、アメリカザリガニが侵入してきました。植物も外

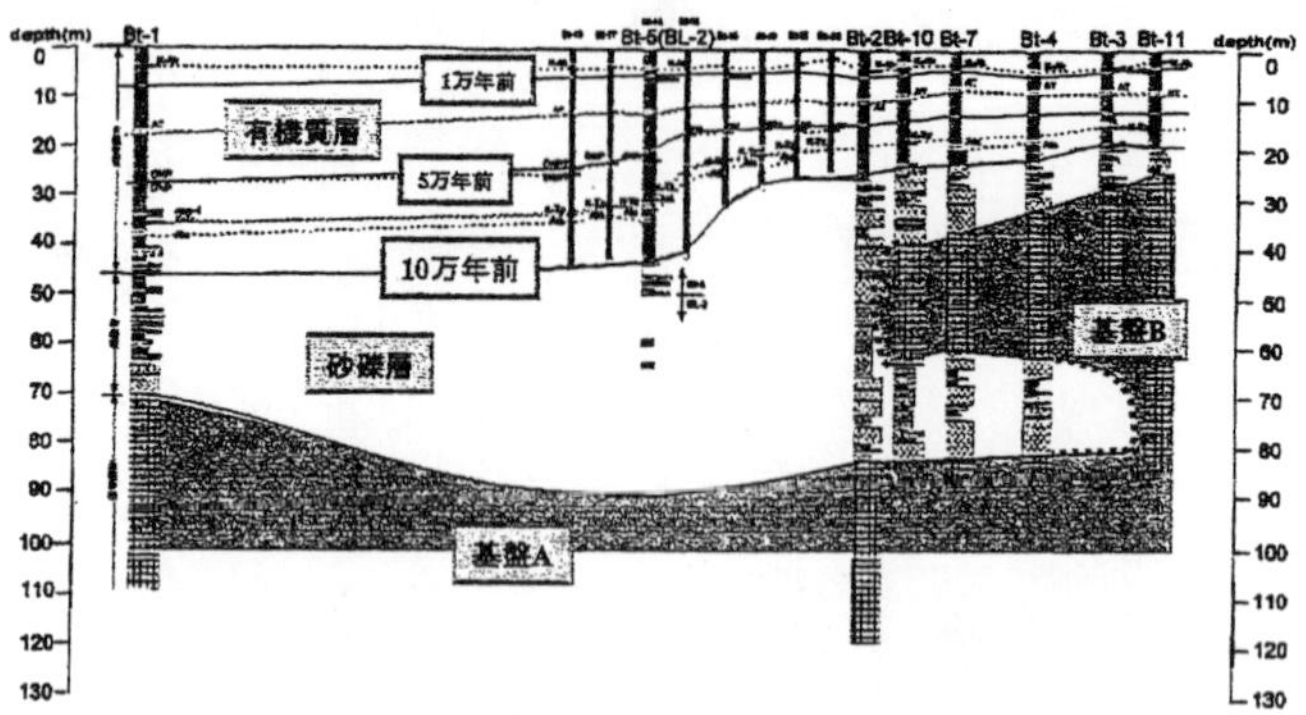

図１　火山灰分析，^{14}C年代測定結果

出典：大阪ガス(株)敦賀LNG基地建設予定地地質等調査説明会資料

来種が入ってきました。大阪ガスは中池見が外来種に占拠されることを望んでいるようです。湿地の生態系の価値を下げることで反対運動を制し、開発を容易にするつもりのようです。また、土地は会社の物だから、そこに生育生息するものすべて会社の自由になるとの態度です。かろうじて、まだ田んぼを売っていない人たちのお陰で、私たちは湿地内の小川で遊び、野道を散策することができるのです。ＬＮＧ基地の使用は、たかだか三十年ぐらいとのことです。農業を捨てさせた日本は、優良農地までも簡単に工業用地に転用できるのです。

　このままでは、時間をかけて大阪ガスの意図どおりになってしまいます。私たちは、次の世代に中池見をより良い形で引き継ぐための運動、そして、本当の保全をするために活動を開始しています。力と体力のある人は大歓迎です。知恵と経験のある人、もっと歓迎です。中池見も待っています。

二〇〇〇年一一月三〇日、敦賀市が主催した中池見の地質等調査結果説明会がありました。地形・地質を担当した京都大学の岡田篤正教授は、「小さいが池見断層の存在を考えたほうがよい、堆積の泥炭層は十万年分と考えられる」と発表しました。

こどもエコクラブ・緑と水の探検隊の子供たちも二一世紀に向けて、中池見の二一世紀中の出来事を載せた「こども壁新聞」を発表しました。子供たちの夢や希望がいっぱいの未来新聞です。その中では、二〇一〇年、大阪ガスLNG基地撤退、その後、バイパスも撤去。中池見は子どもたちやその子どもたちが遊び、学習できるフィールドミュージアムになっている姿が描かれていました。

一人一人が特技を生かして、楽しみながら干潟を守る　――曽根干潟

山本哲江（曽根干潟を守る会）

二〇〇〇年一二月二三日、恒例「曽根干潟　X'masウォッチング」には、四十数名の方たちが、いつものようにマイカップ、マイスプーンを持参して、参加くださいました。「曽根干潟を守る会」を結成してから、毎年最後のウォッチングとして曽根に集まります。冬空に冷たい潮風が吹きすさぶ中、無農薬のホットドリンクで暖まり、こだわりの国産小麦で焼いたケーキやパイを口にしながら、私たちは、曽根干潟と周りの風景をしっかり見つめていました。私たちが腰を下ろしている貫《ぬき》川《がわ》河口近くの親水護岸（と呼ばれるところ）から遠方の海上では、埋め立て中の新北九州空港の人工島へ伸びる、アクセス道路の橋げたがつなげられています。もうひとつ、貫川河口から伸びた漁道の先では、漁港の建設工事が進行しています。これらの工事風景とは対照的に、左手、大野川河口から吉田側へ拡がる砂洲には、数羽のコハクチョウが気もち良さそうに群れていました。

■――曽根干潟を守る会の結成

さて「曽根干潟」は、福岡県北九州市の東部海岸部に広がる、最大干出面積約五百ヘクタールの前浜干潟です。そしてこの広大な干潟の東側には、周防灘のやさしくおだやかな海が広がっています。日本のたいていの海岸線と同様に、干潟に注ぐ川にも、海への入り口にも、コンクリートがはられていますが、干潟後背地の水田、草地や、その間を流れ、干潟へ流入する三本の川と相互の交換があるためか、一年を通して干潟で、そして後背地で、多くの鳥、植物が観察できます。

この曽根干潟は、もともとは現在後背地となっている曽根新田まで広がっていました。千七百年代の末、食糧増産を目的に干潟の一部を開拓したものですが、当時の堤岸築曽根開作所禄には「曽根新田の開拓は干潟の一部を干拓するものであるから、残る干潟は人の世のとこしえの糧としなければならない」との一文が添えられています。

一九九三年末、新北九州空港の建設と、周辺地域の大開発の情報が伝わってきました。手元に届いた企画書では、新北九州空港のアクセスゾーンとして、曽根干潟のほとんどが埋め立てられることが容易に想像できました。いわゆる「周防《すおう》灘地域開発構想」です。

「埋め立てられてはかなわない」と思う友人と共に、私たちは翌一九九四年一月に「ズグロカモメシンポジウム」を開催することになります。「埋立て工事反対」の意志は、この「ズグロカモメシンポジウム」をきっかけに、「曽根干潟を守る会」の結成へとつながりました。ユリカモメとズグロカモメの見分けもつかない、干潟が何やらもさだかでない私は、アドバイスを下さるたくさんの周りの人たちに助けられて、曽根干潟保護の運動を続けてきました。

個人的には生協活動を通して学んだ〝せっけん〟の暮らしをし、平和や脱原発の運動にも参加していましたが、シンポジウムの取り組みによって、あの諫早湾干拓の問題を二十年以上も前から提起してきた故山下弘文さんをはじめ、ＷＷＦジャパン、ＪＡＷＡＮ（日本湿地ネットワーク）ほか、湿地の運動を通して、たくさんの方々とお知り合いになれました。私にとって、また別の分野の方々との交流はフレッシュで、とても勉強になりました。

■――メンバーの特技を生かして

守る会を結成してから、私たちは、曽根干潟保護のためにできることをやっていこうと、北九州市への保護のための署名活動を行ない、干潟観察会を始めました。メンバーのそれぞれが、自分の持っている力をさまざまに活用しながら、守る会の活動を支えてきました。植物や鳥のことをよく知っている人、カブトガニの調査をする人、絵心があって広報活動に手馴れた人、そして山下弘文さんに手ほどきを受けながら、とうとう底生生物のリストを完成させ、保護に大きな力となったＨさん。その中で、それらの分野に得意技を持たない私が担っているのが「だご汁ウォッチング」や「X'masウォッチング」です。思い返せば皆、本当によくやっていると、うれしさでいっぱいになり

毎年恒例“新春だご汁ウォッチング”

ます。

地域ではこのような動きをしながら、干潟保護のネットワーク「JAWAN」と連動し、ラムサール条約会議へもNGOとしてオブザーバー参加しました。人の輪は情報の広がりをつくり、曽根干潟の重要性、ラムサール条約の登録湿地としても充分その条件を満たすことが共有されました。北九州市自らが、中国と共同でズグロカモメの調査を開始したほどです。

そして、様々に活動してきた一九九七年だったでしょうか、北九州市は曽根干潟の開発について「将来の用途に七四ヘクタールを埋め立てるが、あとは保全する」ことを発表しました。その際も守る会として、その七四ヘクタールにあたる朽綱川《くちあみがわ》河口部分がカブトガニの産卵地であることから、全面保全を主張しました。

北九州市は、国によるFAZ計画（フォーリンアク

間島とユリカモメの群れ

セスゾーン＝輸入促進地域。貿易黒字解消のため輸入を増やす目的で全国に一二カ所が指定されている）地域の一つとされており、新北九州空港を「加工された輸入食品を仕分け配送する二四時間離着陸可能な空の物流拠点」として大宣伝しています。新北九州空港と東九州の大開発が進む中、バブル崩壊後の産業各分野、特に物流業の低迷は厳しさを増す状況があります。具体的には、新空港建設と同時に建設されたＡＩＭ（アジアインポートマート）ビルは、テナントを予定していたヤオハンの倒産のあと、閑古鳥が鳴くありさまです。北九州市は地元の反対にもかかわらず、中央大手の大塚家具へ、割り引きテナント料を提案して招き入れるなど、対策に必死です。最近では小倉そごう、黒崎そごうが、続いてトポスが閉店、黒崎商店街の行く末も案じられています。これほどに厳しい状況の中、九州で開業した空港は、いずれも大赤字を重ねています。それでもまだ多くの人が、効率優先の発想に捕らわれ、失うものの大きさに思いが及んでないようです。思いを伝える努力をしっかりやっていくことが大切です。

■──一年を通して楽しめる干潟

守る会の一年は、月例のミーティングは別にして、二月初旬の新春だご汁ウォッチングで始まります。干潟の見える堤防付近で暖かなだご汁をいただきます。一年の内一番寒いこの時期なのに、たくさんの常連さんが心待ちに参加下さいます。

少し暖かくなると元気にハサミを振るカニさん、そして貝、ゴカイなどの生き物たちとどろんこウォッチングで出会います。せっかく干潟に入るので、間島《ましま》へ歩いて渡ります。間島ウォッチングです。曽根干潟に浮かぶ間島は、海に浮かぶオブジェの趣で、その景観もなかなか芸術的ですが、島を一周する楽しみは格別です。植物も多彩に咲き、大小の岩がここかしこにタイドプールを作り、泥質、砂質の海岸線には、多種の珍しい生物が遊んでいます。

いよいよ夏になると、七月八月はカブトガニの産卵時期となり、私たちのメンバーは足しげく河口部へ集まります。ここ数年は産卵に出会うことが少なくなり残念ですが、ずっとカブトガニウォッチングをやっていきたいと思っています。

間島ウォッチング．岩の造形がおもしろい．

鳥の観察は一年を通して、ウォッチングのたびに〝ほらあそこ〟とにぎわいますが、秋、シギやチドリが飛来するころから、一年の締めくくりのX'masウォッチングのあと、年明けの二月ごろまでは、格好のバードウォッチングシーズンとなります。

一九九四年に曽根干潟を守る会を作ってから、七年が過ぎました。干潟そのものは手つかずのままで、うれしいことです。それでも、稼働するかもしれない新北九州空港建設とその関連工事のために、潮の流れが、そして生態系の循環が狂わされるのではないかと心配が続きます。

私たちはこれからも曽根干潟がすこやかに在り続けられるよう、楽しい催しに元気いっぱい集い、目を光らせていきたいと思っています。

やんばるで人と自然の共生を模索する

浦島悦子（奥間川に親しむ会）

沖縄島北部・やんばるの森。悠久の時を刻む生成の歴史が島々を形づくり、さんさんと照る亜熱帯の太陽と豊かな雨、島々の裾を洗う暖かい黒潮が、鬱蒼と茂る緑豊かな森林と珊瑚の海を育んだ。この島に人が住むようになるはるか以前から、常緑のイタジイの厚い樹冠に守られて、多種多様の固有の生きものたちが、いのちのドラマを繰り広げてきた。小さな島に驚くほどの多様性を持って息づく亜熱帯の森。〃神の贈り物〃とも言うべき絶妙の自然条件が育んだ、地球上でも希有の生態系は、島の人口の三分の一を失った苛烈な地上戦をくぐりぬけ、島の中南部で加速度的に進む都市開発に隣接しながら、なお太古の面影を失っていない。

ほとんど奇跡に近いこの宝は、しかし、とりわけ沖縄の日本復帰以降の開発の嵐の中で、今や満身創痍だ。日本復帰に「基地のない平和で豊かな島」の夢を託した沖縄の人々の願いを裏切って、沖縄に米軍基地を固定化する見返りとして、日本政府は「社会基盤の整備」「経済振興」の名のもとに巨額の国費（高率補助金）を注ぎ込んだ。

太古の昔から変わらぬ営みを続けてきたノグチゲラやヤンバルクイナの棲む森に、ブルドーザーやチェーンソーの轟音が響く。見る見るうちに裸にされ、切り崩されていく山。そこから真っ赤な血のように流れ出る赤土（国頭《くにがみ》マージ）。汚染される川と海……。その悪夢のような光景に、私の胸はかきむしられた。

■──やんばるの山を守る連絡会

一九九二年、日本復帰二〇年を自然環境の面からとらえ返し、かろうじて残ったやんばるの森をこれ以上破壊することなく後世に伝えていこうと、「やんばるの山を守る連絡会」が結成された。これまで別々に行動してきた沖縄県内のさまざまなグループ・個人が危機感を共有し、未来世代への責任として立ち上がったのだ。私もその結成に参画し、事務局を務めるようになった。

やんばるの森の素晴らしさと、その破壊の現状をできるだけ多くの人に伝えるための定期的な現場ツアー、講演会や学習会。高率補助金のからくりを明らかにし、森林行政・自然保護行政をただすための度重なる対県・対政府交渉。とりわけ、県民のほとんどが知らないまま、やんばるの森の中核部分を切り裂いて建設が進行していた広域基幹林道・大国《おおくに》林道の問題点を広く知らせた意義は大きい（私たちが取り組み始めた時点で、すでに着工から一五年経っており、完成間近であったため、残念ながらこれを止めることはできなかった）。

一九九五年には、やんばるの森の世界自然遺産への登録をめざして国内・国際世論にも訴えようと、WWFジャパンの助成金を頂いて、日本語・英語併記のカラーパンフレット『亜熱帯の森・やんばる』を刊行した。

連絡会が、やんばるの森の価値と、そこに住む生きものたちの危機的状況、開発や行政のあり方などを問題提起し、世論を喚起する上で果たした役割は、決して小さくなかったと思う。しかし、一方で、連絡会の構成員に中南部の人々が多かったこともあり、やんばるの森と深くかかわりつつ生活を営んできた地元の人々から、「便利な都市生活を享受している中南部の人間が、休日だけやんばるに来て、開発はけしからんというのはおかしい。やんばるの人間は不便な生活を我慢しろと言うのか」という反発を引き起こし、運動をすればするほど、その溝が深まっていった。

「やんばるの森を守りたい」という気持に嘘偽りはなかったけれど、私は、口にしたその言葉が宙をさまよう空しさを覚えるようになった。やんばるの森をほんとうに守るには、地元の人々がその気にならなければならない。これまで森を守ってきたのは自分たちだという誇りを持っている地元の人々に、外から出かけていって「自然保護」を叫ぶことの限界を身にしみて感じた。もちろん、私たちが追及したのは行政の問題点であって、地元の人々を責めたわけではないのだが、急速な過疎化の中で、「やんばるでは今、ノグチゲラより人間が絶滅危惧種だ」と訴える人々の心に触れるものでなかったことは確かだ。

■――奥間川に親しむ会

一九九六年半ば、「やんばるの山を守る連絡会」は、連絡会としての四年余りの運動に終止符を打ち、再び各グループそれぞれの活動に戻った。私はもう一度やんばるの自然そのものと、それとともに生きてきた地元の人々の智恵に学ぶところから再出発をしたいと思った。連絡会に集っていた個人会員を含めた数人で「奥間川に親しむ会」という小さな会を立ち上げたのは、九六年末であった。

国頭村《くにがみそん》・奥間川を初めて歩いた日のことは今でも忘れられない。一二月とは思えない暖かい陽射しが降り注ぎ、山道を歩いて汗ばんだ体にひんやりとした水の感触が心地よい日であった。エビや魚たちと戯れ、楽しげに歌い踊りながら流れる清らかな水は、岩に砕けて笑いさざめき、木漏れ日を浴びてキラキラと輝いていた。大小の岩を覆う苔の衣はしっとりと濡れ、緑のつややかさを際立てている。

「フィッ、フィッ」と独特の鳴き声でノグチゲラが私たちを呼ぶ。岩の上にいたリュウキュウヤマガメが、人の気配に驚いて手足を引っ込めた。岩の隙間からはイシカワガエルの子どもが、おそるおそる顔をのぞかせている。季節には少し早いエゴの木の白い花が一輪ツツーッと通り過ぎていった。

奥間川は沖縄島の最高峰・与那覇《よなは》岳（五〇三メートル）を源流とし、東シナ海に注ぐ、全長五キロの川である。さまざまな開発や汚染が進む島の中で、最後に残されたこの自然の川は、私たちをとりこにした。幼いころからこの川に親しんできた地元のメンバーも含めて、私たちは月に一度、川を歩き始めた。奥間川は小さいながら、下流、中流、上流、源流域とそれぞれの表情を持ち、歩くたびに新たな喜びを与えてくれた。

奥間川上流・クラガー（暗川）を歩く．
右から2人目が玉城ウメさん．（撮影・今泉真也）

しかしながら、この川にも開発の魔手はすでに伸びていた。復帰以降、やんばるは「県民の水がめ」と位置づけられ、森林やそこに住む生きものたち、流域の人々の生活に大きな犠牲を強いながら次々とダム開発が行なわれてきた。狭いやんばる山地だけで既設五ダム、建設中二ダム、そしてそれ以外のほとんどの川にも

川沿いに残るシーゾーヤー（樟脳（しょうのう）製造所）の跡．
現在は琉球大学ワンダーフォーゲル部の山小屋が建つ．（撮影・今泉真也）

建設のための調査が入っているのだ。奥間川もその例外ではなかった。

私たちは、地元の人々がダム建設を歓迎していないことを知った。表だった反対運動には至っていないが、建設省・北部ダム事務所の説明会は、住民の拒否にあっていまだ実現していない。その根っこには、川に生かされ、川とともに生きてきた人々の深い愛着がある。

この川をなんとしても失いたくないという思いが私たちを駆り立てた。ダムがこれ以上必要なのか、私たちは勉強会を開き、奥間川の魅力とダム開発の理不尽さを訴える写真展を島の各地で開いた。ダムに反対することは、都市部住民の暮らしのありようを問い直すことでもあった。

奥間川は、自然が豊かであると同時に、人とのかかわりの深い川でもある。川沿いに残るたくさんの炭焼き窯《がま》や藍壺《あいつぼ》の跡、今はひっそりと眠っているかのような山中の屋敷跡、ていねいに積まれた石垣、それらを結ぶ踏み分け道や馬道《うまみち》（山での運搬には馬が利用され、その道はV字型の切れ込みになった）……。川歩きを重ねるごとに、ここで人々はどのように暮らし、何を食べ、何を思い、森や川や、そこに住む生きものたちとどのようにつきあったのか、知りたいという思いが募った。先人たちの暮らしの中に、私たちが今後、自然とともに生きていくための智恵が隠されていると感じたのだ。

WWFジャパンからの助成金を得て、私たちは奥間川流域に残るかつての生活遺跡の調査を行なった。現地調査も聞き取りも、新たな発見の連続で私たちを感動させた。奥間川沿いの山で生まれ、一六歳までを過ごした玉城ウメさんは、山での苦労話をしながらも、一呼吸入れるごとに「楽しかったわぁ、山の生活は」と、夢見るように言う。山の豊かさ、山で暮らした人々の智恵を、私たちは宝物を集めるように、昨年、ささやかな報告書にまとめた。

この小さな島で、人は自然とどのように共生していけるのか、私たちの模索はまだ始まったばかりである。やんばるの現状は楽観を許さない。多くの人々が不要不急の開発に疑問を感じ、自然の大切さに気づき始めたとはいえ、札束で頬をひっぱたくような日本政府のやり方も、それに追随する県行政のあり方も変わらない。加えて、絶滅に瀕した日本のジュゴンの唯一の生息域の中心であ

奥間川流域生活地図解説

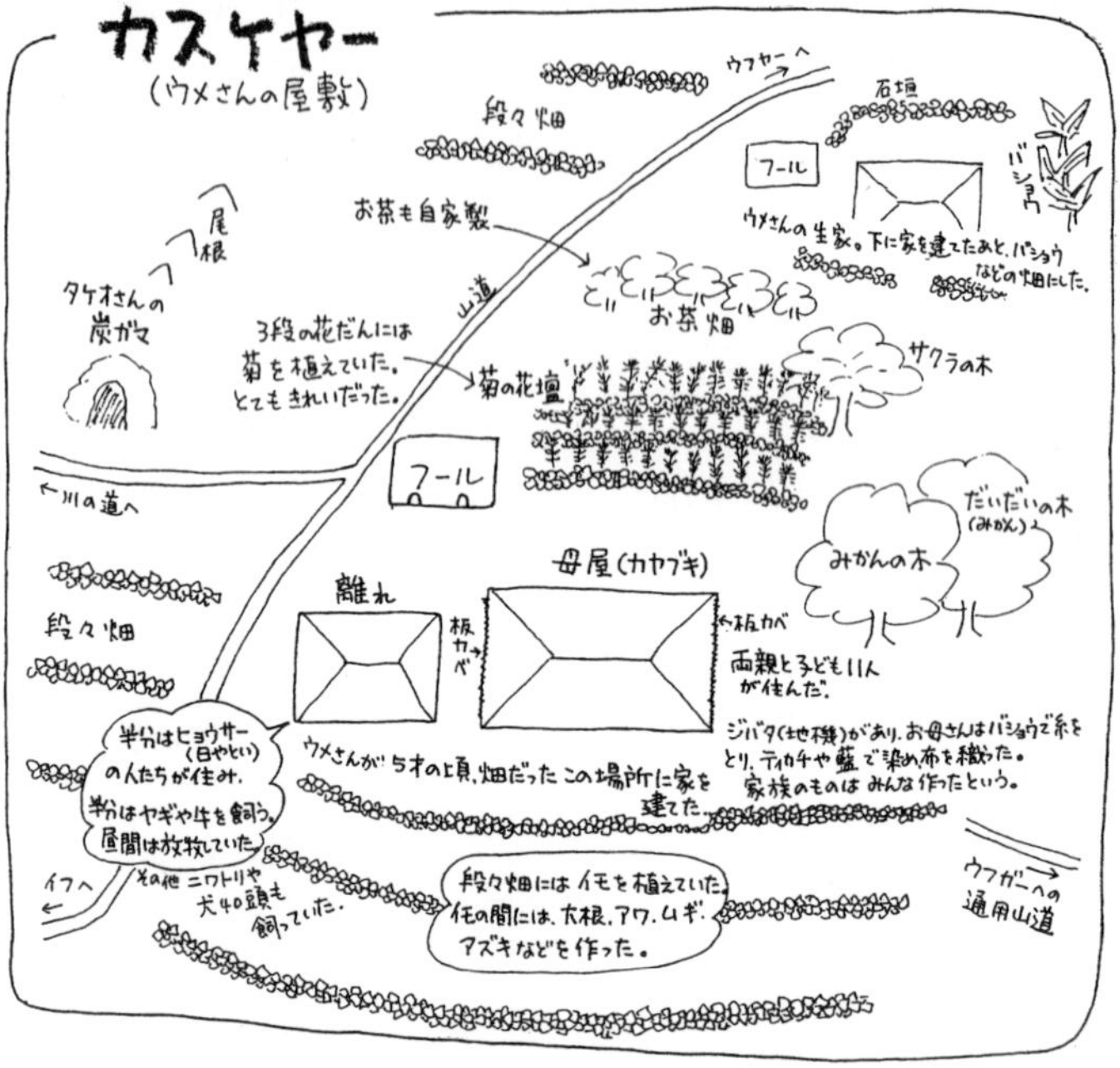

奥間川流域の生活地図（作図・宇地原睦恵）

る名護市東海岸の海をつぶして造られようとしている米海兵隊の航空基地、それと連動して、ノグチゲラやヤンバルクイナのもっとも重要な生息域を破壊して建設されようとしているヘリパッドなど、新たな脅威がやんばるの海と山に襲いかかっている。

　山と海を一体のものとして守る努力と同時に、焦る気持ちを抑えて、山や海と人とのかかわりの歴史をさらに明らかにしていく地道な活動を、今後も続けていきたい。

住民の思いと粘り強さが国や県を動かした――雑賀崎

中畑きぬ（雑賀崎の自然を守る会）

私が暮らしている和歌山市雑賀崎《さいかざき》の自慢は、西の海に広がる美しい景観や、海の幸に恵まれた自然の磯や、輝きながら海に沈んでいく夕日が見られることです。ここは瀬戸内海国立公園内にあり、万葉集にも詠われた景勝地です。昔から漁業が盛んなところで、釣りのメッカでもあります。また、お彼岸の中日には、沈み行く夕日から〝ハナ（花）がフル（降る）〟のを見る不思議な風習も残っています。

こんな自慢の場所にふってわいた「埋め立て計画」、あなたならどうします？

■――雑賀崎の自然を守る会結成

私たちは、一九九七年八月二九日の新聞で初めて「埋め立て計画」があることを知りました。九月一八日には和歌山県港湾審議会で〝承認〟という速さです。この時承認された「当初案」とは、雑賀崎沖の海一一七ヘクタールを廃棄物で埋め立て、港湾整備をするというものです。

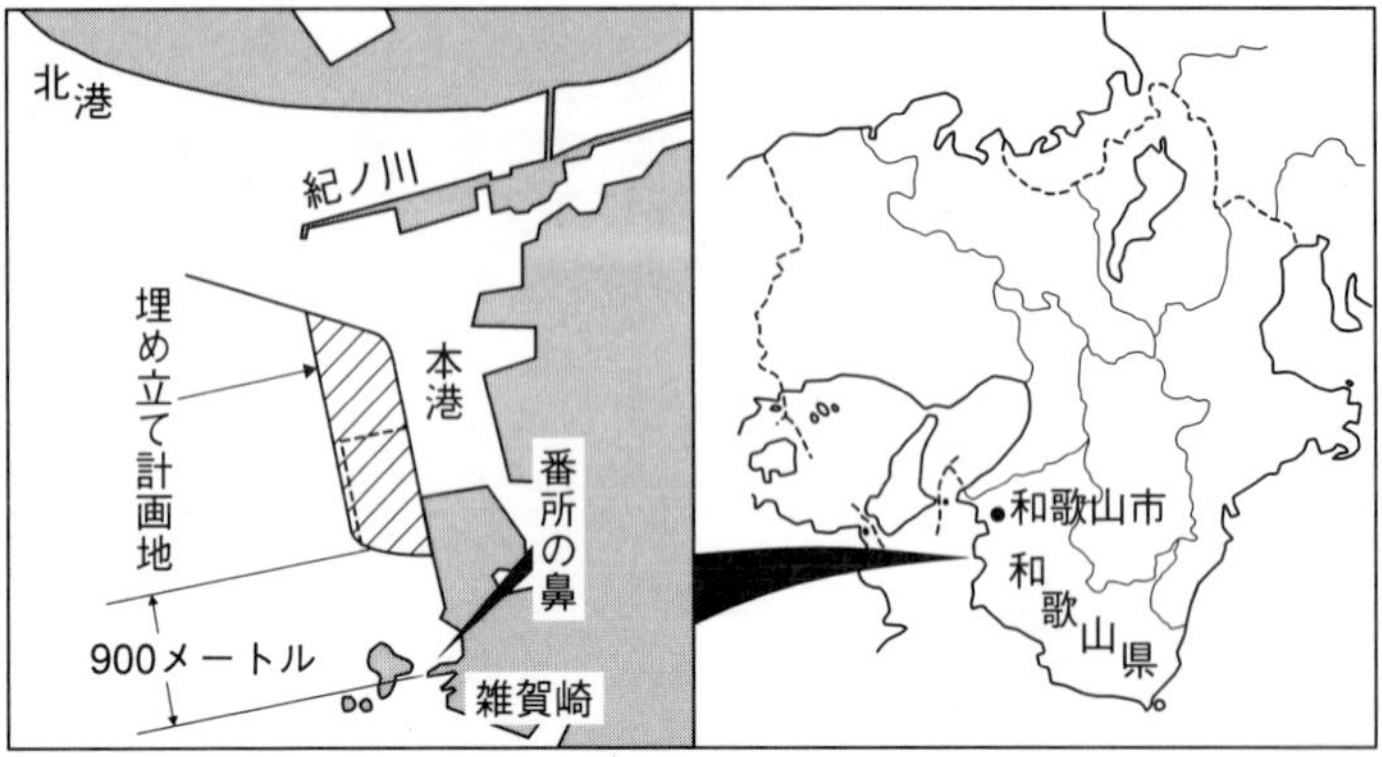

図１　雑賀崎と埋め立て計画地の概略図
＊ 毎日新聞（1999年７月20日付）の図を改変

しかし、私たちには概略的な新聞記事しか情報がなく、埋め立て場所など詳細は何も分かりませんでした。県に問い合わせても高飛車な応答で、情報公開での資料請求もすべて非開示という有様でした。

寝耳に水の埋め立て計画に、とても不安を覚えました。三人寄れば何とかで、とにかく皆で集まろう、皆の意見を聞こう、知恵を出し合おうと、近所の者どうし声を掛け合いました。昼に声を掛け合って、その日の夕方に集まろうというのですから、何人集まってくるのか、全く分かりませんでしたが、会場の地区会館には女性ばかり百人ほどが集まりました。地区全体で千九百人ほどですので、かなりの人が集まったと思いました。このときの勢いというか、この場で雑賀崎の自然を守る会が誕生しました。一〇月七日のことです。そのときの話し合いで、皆が代表者であるということになりました。個人個人の歯がゆい気持ちや何かをしたい気持ちが一つの形となって表れたのでしょう

（女性のおしゃべりも侮れません）。常識では考えられない会のありかたでしたが、その後も多くの人が活動に参加してきたのは、このような経緯によるものかもしれません。早い段階で守る会ができたことは、その後の運動にとって大きな力になったと思います。

地域内も盛り上がってきて、一〇月一七日には自治会主催で、県を呼んでの説明会がお寺で開かれました。このとき初めて図面を見、説明を聞いた住民がほとんどで、その内容に驚き、とても納得できないという思いがつのりました。このときも三百五十人もの人が集まり、参加者一同で白紙撤回を決議し、雑賀崎地区連合自治会として計画の白紙撤回を要求してゆくことになりました。以後、守る会と自治会は二人三脚で活動し、近隣の自治会からも心強い協力支援がありました。埋め立て反対のために出来た地元住民の守る会と地区を代表する自治会の連携は、地区内での人間関係の潤滑油となり、主婦にとっては家族の理解と協力を得る源となりました。どちらが欠けても、活発で粘り強い運動は続かなかったと思います。

■――デモ行進からコントまで

説明会の翌日からは署名集めです。知人を頼って入手した陳情文を参考に、やっとできた署名用紙でしたが、署名集めも初めての経験で、とにかく自分たちのやり方で一生懸命集めました。約二週間で六五、〇二二人の署名が集まり驚きました。枝分かれするように協力してくださった方々のおかげだと思います。署名集めをしている時「そんなことをしても無駄だよ」とよく言われましたが、数は力です。私たちの場合は、説得材料になったと思います。

一一月二八日には中央港湾審議会があり、そこで雑賀崎沖の埋め立て計画が審議されることになっていました。ここで、承認されると大変です。右往左往しながらの運動でしたが、大勢の人が参加してきました。その後も署名の数は増え、一一月一七日、和歌山県知事と和歌山市長に要望書と署名を提出しました。ただ、知事も市長も会ってくれませんでした。最初は和歌山県の港湾課に行くのに県庁の迷路に迷い、担当者との交渉にも気後れしましたが、通い慣れた道になるころには、行政の中身を知る勉強室になっていきました。

この間、一一月六日には、初めて霞ヶ関に足を踏み入れ、環境庁と運輸省に行きました。デモもしました。手作りのプラカードや古いシーツで作った横断幕を持って繁華街を歩きました。先頭の警官に遅れては悪いと小走りについていくと、「あんたら、デモやるの初めてやろ。もっとゆっくり歩きや」と行進のコツを教えられ、ようやく緊張感も消えて大きな声で「埋め立て反対」と叫ぶことができました。

一一月二八日の中央港湾運審議会では、環境庁が強く反対し、埋め立て計画は「景観面から再検討を」ということで、和歌山県に差し戻しとなりました。異例のことです。知らせを聞いて、うれ

コントで「埋め立て反対」をアピール.

しさのあまり涙を流した人が大勢いました。とにかくこれで一一七ヘクタールの埋め立て計画にストップがかけられたのです。しかし、こんなことでは公共事業は止まりません。正念場はこれからでした。

差し戻しを受けて、県は「景観検討委員会」を作り、最終的に埋め立て面積を七四ヘクタールとする「修正案」で勝負に出てきました。私たちも知恵を絞りました。言葉での説明よりコントのほうが分かりやすいということで、老人会やイベントで公演しました。台本を書くのも、出演者もみんな素人の女性ばかり。何十年ぶりかの学芸会にみんな大ハッスル、大きな拍手に感謝感激、とても楽しい体験となりました。

意見広告のための一〇〇円カンパ運動、霞ヶ関を走り回っての環境庁、運輸省への陳情、国会議員への訴えと、様々な活動をしましたが、事前に作戦をよく練って行なうようにしました。専門家の協力を得て、勉強会もたくさんもちました。その成果をビラにして配ったり、説明会では、港湾課を厳しく追及しました。私たちは、訴える内容では港湾課を負かしていたと思いますし、世論も後押ししてくれたと思います。マスコミも熱心に取材してくれました。

■――埋め立て計画承認から凍結へ

しかし、一九九九年七月一九日の中央港湾審議会では、異論が続出する長時間審議になったものの、埋め立て計画が承認されてしまいました。ただ「住民の理解を得るよう努力すること」という前代未聞の附帯意見が付けられました。粘り強く活動した成果だと思います。しかし、港湾計画として承認されてしまったことで、「もうだめなんやろ」と諦めそうになる人もいて、この後どう活動していったら良いのか難しい局面でした。「諦めないで！」と励まし合ったり、ビラをまいたりしました。〝これ以上の埋め立ては雑賀崎をつぶしてしまう、絶対にイヤだ〟という思いをもとに、今私たちに何ができるかを何度も話し合いました。決め手になるものは見つかりませんでしたが、事業実施の段階とする港湾課に対して、計画段階の議論は終わっていないということで、専門家の助力を得ながら、計画の問題点をさらに自分たちで調べてみようということになりました。住民自身

万葉集にも詠われた私たち自慢の場所・雑賀崎

による戦略アセスに取り組むことにしたのです。調査を進める程に、必要性・財政・環境への影響などの矛盾点が一層はっきりし、私たちの運動に対する自信も深まりました。国会議員会館で大勢の国会議員の方々にこの成果を発表する機会を与えていただくなど、大きな意義があったと思います。「ハナフリを見る」風習についての聞き取り調査も行ない、地域の人たちとの絆を深めることもできました。

その後、和歌山県は、埋め立て計画の早期実施に向けて、県予算で「環境調査」を行なうとし、運輸省に対しては補助金要求をするつもりであったようですが、結局、補助金を付けてもらえる見込みがなくなり、昨年五月には補助金要求を断念せざるを得なくなりました。この後は、これまで埋め立て計画の推進の先頭に立っていた知事や政治家が次々と辞任したり、選挙に落選したりで、舞台から去って行きました。そして、二〇〇〇年一〇月五日、木村新知事は、「環境調査」費の執行見送りを明言し、事実上埋め立て計画を凍結しました。大きな大きな成果です。これまで数え切れないくらいの人々に支えられての運動でしたが、自分たちができることを粘り強く続けていれば実を結ぶこともあるのだとつくづく思いました。

現状は、事実上の凍結ということであって、中止ではありませんので、手放しで楽観できませんが、これまでの運動に確信をもって、今後は、海岸のゴミ拾いや草刈りはもちろん、江戸時代の狼煙場であったとされるカゴバ台場の史跡公園整備や残されている磯を大事にする活動もしたいと思っています。散歩道の道端には、タチツボスミレ、ツワブキ、ハナカタバミ、スイセンなど、雑賀崎でたくましく育っている花がいっぱいになるのが私たちの夢です。

活動は、悩み、励まし合いの連続ですが、人との出会いや連帯感は何物にも変えがたい喜びです。必死な活動は隠れた才能も引き出し、さまざまな発見があり充実感を感じています。これからも中止になるよう地道に活動を続けたいと思っています。

第2節　この自然をいつまでも残したい！

自然観察の積み重ねで海上の森の価値を伝える

曽我部行子（ものみ山自然観察会）

■――わたしの町に、こんな自然が！

「瀬戸市で万博を」という新聞記事。一九八九年春のことだ。大阪万博の時は学生で、学園紛争の末期だった。結局、大阪に住みながら一度も訪れることはなかった。一九七〇年のお祭りを二〇〇五年に瀬戸で？　いったいどんな環境のところなのか。どれくらいの広さなのだろうか。いくつかの疑問を持ったことがそもそも「万博」にかかわっていくきっかけだった。

瀬戸市南東部と呼ばれる候補地は、豊田市に接して瀬戸市を取り囲む屏風のような猿投《さなげ》山の山麓にあった。標高三一二メートルの物見《ものみ》山には武田信玄の伝説が残っていることも、森の中心には小さな集落海上《かいしょ》町がひっそりあることも、訪れて初めて知った。集落を包む海上《かいしょ》の森は、歩いても歩

瀬戸市と名古屋市が接する海上の森

いても都市的な人工物に出会うことがない、懐かしい安らぎを覚える自然だ。はりめぐらされた小道は、次々と秘密を明かすように人を誘い続ける。

秋の物見山への林道沿いには、露を含んだ青紫のアキチョウジの花がガラス細工のような花をつけていた。飲める水の指標となっているカワゲラ・サワガニ・プラナリアがいる流れは、耳に心地よい音を立てて歩く人に付いて来る。自然観察という方法で自然に触れ合う楽しみを知った。しかし、同時に、「これからここを歩ける」と「ここがこのままではあり得ない」という相反した思いは言いようもなく複雑だった。

物見山一帯を歩く楽しみを知った瀬戸市在住の主婦が口コミで増えてきた一九九〇年、とにかく万博候補地がどんな場所でどんな自然があるのかを知ってもらおう、ということになって始めたのが、案内人と後方確認の二人が組んでの自然観察会だった。新聞には毎月の季節テーマと、月四回の定例自然観察会の日時を掲載してもらい、「ものみ山自然観察会」がスタートした。

■――自然保護運動は反対運動？

もともと反対運動をしようという構えはなくて、自然観察がいかに身近な自然と楽しく触れ合える方法なのかを、より多くの人に伝えたいと願っていた。

歩くたび、季節と時間を重ねるたびに、出会う生き物の多様さには目を見張るものがあった。伝統的な穴窯《あながま》を使った焼き物を生業としていたOさんが、清冽な水を溜めた小さな池のある水辺を教えてくれた。陶芸家のKさんは、モクレン科のシデコブシを見つけた。このような出会いが、東海地方に特徴的な小さな湿地や、春にはシデコブシの咲く谷あいの発見につながっていった。踏み込まないようにしゃがみこんでやっと見られる食虫植物のかわいい花や昆虫は、湿地でのみ生きている。ギフチョウが飛ぶ林道、オオタカの古巣も確認された。春、秋の七草などは、石油消費の急増が見捨てた日本の里山の宝物だった。

愛知県の万博構想計画は、物見山から見渡せる都市との境界線を後退させる。多様な生き物が暮らす森と里であることがわかればわかるほど、一つ一つを支える森と里、水と土のつながりを壊し

世界的にも貴重なシデコブシ

てしまう大規模な計画がはっきりしていくのだった。黙っていたらこの計画が森と里を覆う。止めるにはどんな方法があるのか。運動をしてきた人たちに尋ねながら、愛知県に初めて「公開質問状」を出して「記者会見」をした。署名運動、霞ヶ関の官庁訪問、写真展、里で「ものみ茶屋」の開店、季節をテーマにした大観察会、シンポジウムの開催、調査報告書の作成、本の出版など、海上の森の自然と開発計画の事実を知ってもらうために、思いつく限りのあらゆることをした。

一九九六年、ＷＷＦジャパン助成による「自然博物館構想」のパンフレット発行は、反対するだけではない市民の代替案として貴重な一歩だった。同年六月ＢＩＥ（博覧会国際事務局）総会には、候補地の自然を知らせるため、パンダ・マークの親書をたずさえパリにまで出かけた。こうして、「万博反対運動」として「海上の森」の自然が知られていくことになった。

■――万博開催と環境アセスメント

一九九七年六月、カナダのカルガリーに大差をつけて、日本の愛知県が万博開催権を勝ち取ったのは、予想外だった。愛知万博の計画は、五四〇ヘクタールの森で一五〇ヘクタールを会場にするものであり、アクセスのために高規格道路が二本も森を分断する。しかも、跡地に計画される新住宅市街地開発事業（二千戸五千人）が万博に先立って土地改変を受け持つというのは、どう考えても「自然との共生」というテーマと矛盾する。このままの計画が実行されたとしたら、自然破壊が誰の目にも明らかになる時が来るに違いないと思われた。そして、その時には田んぼのある里の温かさ、小道の奥にある池の静かさはすでにないだろう。

一九九八年、万博を所管する通産省は、環境を重視する万博であることを周知させる手段として、翌年六月に施行される環境アセスメント法を先取りして、万博のアセスメントに適用すると発表した。環境アセスメントっていったい何なのか。それは、自然を守る法律たり得るのか。環境アセス法に新しく入った項目「人と自然との豊かな触れ合い」なら、身近な自然を診る市民としての意見が述べられそうだ。「なぜ、海上の森が大切で、どのような価値があるのか」を市民自身の目線で調査し評価した結果を意見したい。

住宅、道路、万博と三事業それぞれで行なわれた「連携」アセスメントは、市民にとっては一つでしかない海上の森から見れば、縦割り行政の産物でしかなかった。だからこそ、日本自然保護協会の助成をもらって一九九八年から一九九九年にかけて作成した「2005年国際博覧会予定地海上の森の環境診断マップ」には意味があると思っている。万博開催決定により、元の「ものみ山自然観察会」メンバーが主婦に戻って行った中、関心を持ってくれる新しい人との困難な調査であったが、一九八九年の秋に海上の森の自然に出会ってから十年という月日を集大成するために必要な作業だった。いつも寄り添ってきた海上の風、音、色、すべてがどれほどかけがえのないものであるかを残しておきたい。海上の森の遺言状になるかもしれないという思いが、一六〇ページの報告書には詰まっている。

■——やっと始まる保全と万博

一九九九年、大量のボーリング工事に対する住民訴訟も始めてはいたが、功を奏するには至っていなかった。春、オオタカ営巣発見による北地区からの撤退と青少年公園会場への拡大があったものの、事業は粛々と進む。七月、元環境庁長官であった岩垂寿喜男さんが、「跡地を国営公園に」と

物見山が見える海上の里で，みんなで田植え．

いう代替案を公表した。なぜ、建設省の国営公園なのか。都市計画という制度に対抗するには、同じように強力な制度で、現実的な代替案が必要だった。今までにない概念の公園をめざせば…。迷いの中、「国営瀬戸海上の森里山公園構想をすすめる連絡会」が議論百戦の中からスタートし、参加を決めた。全国環境三団体をまとめる岩垂さんの身体を酷使した動きが支えになって、構想のマスタープラン、パンフレット発行（ＷＷＦジャパン助成）、賛同人募集と活動を進め、海上の森に里山公園としての保全像が描かれていった。

それでも、環境アセスは終盤を迎え、住宅も道路も手続きを終えて、海上の森にブルドーザーが入るのは時間の問題だと思われていた。二〇〇〇年一月、ＢＩＥが跡地構想を批判した新聞スクープは、万博構想を激震させた。根本的な構想見直しを迫られたのだ。愛知県知事は四月、ついに住宅開発事業と道路計画の中止を発表した。WWFジャパン、日本野鳥の会、日本自然保護協会の三団体は、市民がテーブルに着くために結束して事に当たった。その結果、混迷した万博のための「愛知万博検討会議」は、完全公開という例のない画期的な会議となった。海上の森は、意見を異にする委員たちの白熱した議論を経て、一五ヘクタールという大幅な縮小となったのだ。

海上の森をどう保全するかという議論が、愛知県主導でようやく始まろうとしている。議論で問われるのは、地元民、訪問者、研究者、行政など、さまざまな立場を超えた「里山を守るためのパブリック＝公共性とは何か」なのだ。例えば、一九九九年から有志で始めた田んぼ耕作は、里山が田んぼ、小川、森林のセット（つながり）で成り立っていることを、体験を通して理解する機会となった。次には森林の手入れをも、と夢は広がるが、これも今後画期的な市民参加の道が開かれるかどうかにかかっている。

万博は、「市民博」「環境博」となるのか、に注目が集まる。万博開催そのものが海上の森の将来につながることが、「市民博」「環境博」の試金石となるだろう。「確かな人と自然の関係」が見える世紀をめざしたい。

シオマネキがダンスする吉野川干潟を守る心を子どもたちに伝えたい

井口利枝子（とくしま自然観察の会）

一九九四年の春に、徳島の身近な自然を見直そうと「この指止まれ」式に自然観察会を始め、町なかにある城山や公園、吉野川の河口干潟などで定期的に観察会を開いています。専門家を招いてというわけではなく、メンバーは子育て中のお母さんたちや子どもたちが中心の気楽な観察会です。

■――人・自然・地域密着型の吉野川干潟の保護活動をめざしたい

全長一九八キロ、吉野川は徳島県の西から、様々な人の暮らしを支えながら、真っ直ぐ東へと流れてきます。そして、吉野川と紀伊水道が出会うところにある河口の干潟は、エネルギーに満ちていて、とてもユニークな自然環境を生み出しています。

徳島の市街地のすぐそばにありながら、広い川幅と水量の豊かさを誇る河口部には、ヨシ原を伴う広大な干潟が広がっており、一六〇種を超える野鳥が集まり、レッドデータブック掲載種のシオマネキをはじめ、一五種類以上のカニたちなど、多種多様な生き物たちの宝庫であり、国際的にも重要な湿地の一つに挙げられています。

ここは川と海が出会う場所。川の水が上流から運んでくる養分たっぷりの泥は、太陽の恵みを受けてたくさんの生命を育み、小さな生物たちは川や海の浄化を担います。カニを追いかけるのに夢中になって、泥に長靴を取られて悪戦苦闘する子。得意満面顔の子どもたちが手のひらにのせて来たのは、カニがつくった米粒くらいの大きさの泥だんご。やがて、裸足になってカニダンスやトビハゼを真似て、泥の感触を楽しみながら、どんどんと泥の中に体をにじり込ませていく子。子どもたちもおとなの顔もみんな活き活きとしています。

このように私たちは、春から秋には定期的に干潟の自然観察会を開いています。吉野川の風に一緒に吹かれながら、様々な年齢の人々が集まって、生き物たちの気配を間近に感じながら、新鮮な心の交流を持つことができます。どんどんとテレビや新聞で報道されて、吉野川の干潟のことが知られていくようになり、たくさんの干潟ファンができました。しかし、一方で私たちは、自分たちの住む町のすぐそばにある干潟や自然の存在を見過ごしている人たちが多いことに気がつきました。

自然豊かなところでは当たり前すぎて、なかなかその価値に気がつかないのかもしれません。そこで私たちは、もっと干潟のことを一人でも多くの人に知ってもらいたいと思い、吉野川の干潟ウォッチングが「より楽しく」「よりわかる」よう、シオマネキや干潟の生き物などを紹介した干潟の自然観察ガイド『しおまねきブック』を作成することを計画しました。これまでの観察会や調査で得た生の情報や経験を生かして、WWFジャパンの助成を受け、子どもたちの要望にこたえた手のひらサイズの『しおまねきブック』が出来上がりました。

さらにビデオ撮影し、編集やナレーションを加え、干潟の生態を楽しく伝えていくビデオを作成しました。小学校の環境学習や幼稚園や保育所や子ども会の遠足での干潟観察を積極的に応援したり、写真パネルを作って出前のお話し会や「しおまねきコンサート」を開いたりしてきました。学校教育の現場では、総合学習に取り組み始めた先生たちと情報交換をしながら、干潟をベースにしたプログラムやネットワークづくりを始めています。

■——吉野川から学んだこと

私たちは、吉野川から川の色の美しさを知りました。毎日刻々と様々な色に変化していく川面を見るのは楽しみでもあり、私たちの吉野川自慢の一つです。それから、吉野川の魅力は河口から第十堰まで広がる汽水域の広さも挙げられます。河口から一四キロ遡ったところにある第十堰は、江戸時代に人の手によって造られた巨大建造物ですが、長い年月をかけて吉野川の自然の一部となって、ダイナミックな河口の生態系をつくってきました。

一九九三年、一〇四〇億円という莫大な工事費をかけて、現堰を壊し巨大な可動堰に改築する計画を市民が知るところとなり、市民の間から水質の悪化や、干潟はもちろんのこと河口の環境への影響を心配する声があがりました。この可動堰計画に疑問を持った多くの市民の多様な活動を経て、二〇〇〇年一月二三日に徳島市で行なわれた第十堰の可動堰化に対する住民投票は、国の公共事業に対する初めての住民投票として全国的に注目され、市内有権者の五五％が投票し、計画反対票が投票総数の九二％に達しました。

この住民投票の結果に法的な拘束力はありませんが、吉野川流域の県都で反対票が圧倒的多数を占めたことは、国の方針を大きく揺るがし、投票から約七カ月後、「計画を白紙に戻す」との勧告が出され、現在この第十堰問題は、地元住民の意見を反映した新たな計画策定の局面を迎えています。住民投票を求める市民運動は、立場や意見の異なる個人が、決して価値観をお互いに押し付けることなく、自分たちの自由な意志で自主的に進められました。

この運動の趣旨に共感した市民は、それぞれの持つ吉野川に対する想いによって突き動かされ、可動堰反対を示したのです。選挙権がない高校生たちは模擬投票を行なう活動を始めたり、街角の井戸端談義の中でも、日常生活の中で小中学生までもが、第十堰や吉野川の話題について語り、町は活気づいていました。第十堰問題は、確実に吉野川と私たちの距離を近づけ、川と私たちの生活の多様なかかわり合いを見直す大きなきっかけになったと思います。

図1　吉野川河口に進行中の巨大開発プロジェクト

吉野川河口干潟は，1996年のブリスベンにおける第6回ラムサール条約締約国会議で「東アジア・オーストラリア地域におけるシギ・チドリ類重要生息地ネットワーク」に日本で最初に登録された国際的にも重要な湿地です。また、環境庁による日本の最重要湿地13カ所の1つに指定されています。今，吉野川河口域には，河口干潟の真上を通る2本の道路橋（①東環状大橋・②四国横断自動車道路）の建設，河口人工島の埋め立て（③マリンピア沖洲第2期工事），そして④第十堰可動堰化などの複数の開発が計画され，河口干潟への影響が心配されています。

■――吉野川河口干潟の開発問題

さて、今、私たちは大きな問題に直面しています。第十堰の全国レベルでの活動の影で、私たちがフィールドにしている河口周辺では、干潟の真上を通過する東環状線と高速道路の二本の道路橋建設や河口吐き出し口の人工島埋立て計画など、複数の大規模公共事業が進み、河口の干潟生態系への悪影響が心配されています。

最近、環境基本法の制定、新河川法には環境という柱が加わり、環境アセスメント法が施行され、住民参加や情報公開や生物多様性の確保といった環境保全の精神が高らかに謳われた行政の仕組みづくりが、私たち市民の目に見える形で始まったことには、期待を持ちたいと思います。しかし、吉野川河口周辺の複数の開発は矛盾だらけで、別々の部署で粛々と計画が進められていき、このままではシオマネキのすむ干潟の自然が追い詰められていくのは目に見えています。自然が多く残されている地域では、より便利な、より大きな経済活動を望み、日常感覚が自然とはかけ離れてきたことに今更ながら気づかされ、干潟の保護を呼びかけることに少々気弱になったこともあります。

■――私たちが吉野川干潟をベースにして伝えたいこと

大人も子どもも干潟に来れば笑顔になる．

しかし、干潟に来ればいろんなことがわかります。吉野川が、いのちをつなぎ、自然と人とをつなげ、人と人とをつないでいることを。限りなく大きな包容力と柔軟さを持ち、多様な生物を育む干潟という独特の空間の力を借りて、私たちは子どもたちにきっと伝えられることがあると信じて活動しています。第十堰住民投票の運動で、私たちおとなが、便利さの追求や経済社会の柵と葛藤しながらも自然と人とのかかわりを日常感覚まで引き寄せて考えられた経験を生かして、一人でも多くの人に自然のつながりを感じてもらい、吉野川干潟の保護につなげるため、干潟からの発信をし続けたいと思っています。

それは、吉野川の魅力や自分たちの住むまちの自然について、子どもたちと一緒に家族で語り合える仲間を増やすことから始まると考え、決して義務感に縛られず、私たち自身が楽しみながら干潟の自然観察会やホームページの中で、子どもたちにもわかりやすい形で伝える方法を工夫することに奮闘しています。

シオマネキの大きなはさみをおそるおそる持った瞬間の輝いた子どもの顔。干潟のひんやりした泥の感触をウニョウニョした感じがとても好きだと旨い表現をしてくれる子。干潟で出会った子どもたちの記憶や体にしっかりと干潟の心地よい感覚が残り、いつか自分たちを取り巻く自然に対してあふれ出る想いが育ち、自然保護を語り、実践していくことが特別な人がする特別なことでないということを感じて行動してくれることを願ってやみません。

世界遺産「白神山地」の保護と利用と再生に取り組む

永井雄人（白神山地を守る会代表理事）

白神山地は青森県南西部から秋田県北西部にまたがる面積約一三万ヘクタールの山地の総称である。その中心部約一万七千ヘクタールが一九九三年（平成五年）、屋久島と共にユネスコから世界遺産（自然遺産）に登録された。その四分の三（一二、六二七ヘクタール）が青森県の面積である。今、自然遺産は、日本ではこの二カ所しかない。白神山地の地質は、およそ九千万年前頃（白亜紀）にできた花崗岩を基盤に、二〇〇〇万年前～一二〇〇万年前頃（新第三紀中新世）の堆積岩（凝灰岩、泥岩、砂岩）とそれを貫く貫入岩類（マグマが上昇してできる岩）で構成されている。白神山地の大きな特長は、人為的影響をほとんど受けていない原生的なブナの天然林が世界最大規模で分布していることである。

白神山地のブナ林には、多種多様の希少な植物群がある。代表的な植物としては、アオモリマンテマ、ツガルミセバヤ、シラネアオイ、シラカミクワガタ、エゾハナシノブなどがある。また、それに依存する多くの動物群も生息し、哺乳類のツキノワグマやニホンザルをはじめ、シノリガモ、カジカガエル、オオゴマシジミなどが生息している。天然記念物のクマゲラや猛禽類のイヌワシ、

二ツ森から白神岳

オオタカなどの鳥類や昆虫類など、四季折々の動植物群の宝庫でもある。

■——白神山地を守る会の活動

白神山地を守る会は、一九九三年、白神山地が世界遺産（自然遺産）に登録された年に発足した。それまでは白神山地植樹交流会として山好きの人たちでささやかに運営され、白神山地の緩衝地帯の外側にブナの苗木の植樹をし、その後に、ブナ林の散策を行ない、白神山地の四季折々の景観や植生を楽しんできた。

さらに、近年のエコツーリズムの影響で、ありのままの自然を楽しみたいという人たちの輪が広がり、口コミで白神山地を案内をしてもらいたいという声や問い合わせが増加したので、会として一九九七年秋より、一般市民向け「白神山地エコロジー体験ツアー」を実施するようになった。そして、今日まで多くの山好きの自然愛好家の人たちを案内してきた。

毎年春・夏・秋定例のエコロジー体験ツアーのほか、希望者にはガイドを実施している。

秋の定例のエコロジー体験ツアーコースの一例を紹介する。一日目は鰺ヶ沢町から入り、ハロー白神（ビジターセンター）で赤石川流域に生息する動植物やまたぎの生活、白神の地形を見学する。途中、熊ノ湯温泉の吉川隆さん（またぎ）の民宿でわき水をもらい、クロクマの滝（白神一の高さ八五メートル）を見る。この滝は季節によっては滝つぼの下まで行けるので臨場感がすごい。その後、白神さん家《ち》（避難小屋）の前の広場で昼食。そして、赤石川大橋の近くから、サラブレット系のブナの木が見える遺伝子保存林登山口から森をワンダーリングする。そして、津軽峠（西目屋村）のブナの巨木・マザーツリー（樹齢四百年）を見る。ツアーの参加者に「もののけ姫の森」と言わせるぐらい、目の前に現れたマザーツリーと周りのブナ林の静寂さは、感動の出会いを演出する。この日はこのコースで夕方になり、西目屋村の白神館（町の第三セクターの宿泊施設）に宿泊する。夕食を終えてから、白神山地の四季折々のブナ林の風景や動植物を、ガイドの冗句も交えてスライドで紹介する。参加者は次の日の白神のワンダーリングに思いを馳せながら眠りにつくのである。

二日目は、朝早くに津軽峠まで行き、そこから高倉森山頂まで歩くコースに挑戦、原生的な白神のブナ林の中を登山道の途中の植物を見ながら、会話しながら、ワンダーリングを楽しむ。この辺の登山道はトランポリンの上にいるようでフワフワしている。落葉樹でできた腐葉土は、一本のブナの木（二百年もの）の周りでは約八トンの水を貯えると言われるくらい保水力を持っている。また、参加者はブナの木に抱きついたり、耳をつけて音を聞いたり自由な時間を過ごす。そして、暗門《あんもん》の滝の付近で、おにぎりの昼食をとり、わき水でコーヒーを沸かし、山歩きの疲れを癒す。その後、青森県ビジターセンター（西目屋村）で大スクリーンで映画を鑑賞し（三十分）、ビジターセンターの中の工作室でバードコールの工作に挑戦する。思い思いのバードコールが完成し、工作室の中は鳥の鳴き声で大パニックになる。そして、夕方には青森市内に戻る一泊二日のコースである。

このツアーは、天候には恵まれたが紅葉は今一つ進んでいなくて、とても残念だったとか、また、参加者がきのこ採りに夢中になったとか、出かける年、季節季節によってまったく違う。ある時は初冠雪と紅葉がバッティングし、参加者は不思議な光景に出くわした。高倉森山頂付近は十センチもの雪に見舞われ、登山道も見えなくなるほどだった。途中、雹が降ったり、みぞれになったり、また晴れたりと、白神の気象変化に参加者は、自然のダイナミックさを体感することができる。毎年コースは変えている。

この白神ツアーは参加者が年々増大し、会としては山を案内するガイドを増やす必要性が生じた。そこで、白神山地にかかわる専門家の方々を講師にお願いし、ガイド養成講座を開校し、将来活躍が期待される白神山地のインタープリター（自然案内人）の卒業生を輩出している（修了者には森の研究家という認定書を授与している）。また、首都圏を中心に、白神山地の希少なブナ原生林に出かけてみたいという方々のために、ガイド養成講座の卒業生たちが、エコツーリズムとエコロジー(自然保護)の精神を併せ持ったエコロジー体験ツアーを実施している。ボランティアのガイドは、一九九七年より始めた白神山地エコロジー体験ツアーを推進・運営してきたスタッフたちである。白神山地の地形や植生、コースなどを熟知した方々で構成されている。山歩き五〜十年の経験者や、山菜採りの名人、カヌーや山登りの好きなアウトドア志向の方々で、当然、白神山地が大好きな人たちだ。

近年のエコツーリズムの高まりの中で、インタープリターの需要は今後も増えると思われる。会としては、今後も山好きのボランティアガイドを養成していきたいと考えている。

■——ワンダーリングについて

白神山地を守る会のエコロジー体験ツアーでは、ワンダーリングを進めている。ワンダーリングとは、ドイツのレクリエーションの概念の一つであり、ストレートに訳すと、自然の中をあてもなくさまよい歩く、自然の中をぶらつくという意味になる。ヨーロッパの人たちは自然と親しむ方法として、自然の中を、ゆっくり歩き回り、五感を通して自然の素晴らしさを体得するという遊びをする。小さな子ども時代から学校ではこういう環境教育も行なわれている。自然の中を目的地をめざして通り過ぎたり、山菜を採るなど何かを目的とした行動や山登りとは少し違う。

白神山地では、貴重な天然ブナ林の中を、ゆっくり歩きながら、森林浴を楽しみながら、皮膚呼吸や腹式呼吸などをしながら、人間も自然の一部であるということを体感することが、もっともふさわしいエコロジー体験であると思われる。したがって、次の三点を大切にしている。

① ガイドから説明を聞く観光型ではなく、散策を通しブナ林と一対一になるという体験を重んじている。

② 自然に包まれて、自然と親しむ、楽しむスタイルを尊重する。

③ 急いで通り過ぎるのではなく、ゆっくり自分のペースで歩く。

■――人為的な行為で病む白神

登山者が急増し、周辺町村の観光化と地域振興の開発が進み、自然保護の観点から登山者のオーバーユースの問題をどうするか。また、そういう視点をもった人材養成と環境教育のツアーの実施やガイドの養成が急務である。

猛禽類のイヌワシやオオタカが営巣する白神山地の上空では、三沢基地の米軍戦闘機が頻繁に低空飛行で往来し、その生息への影響が心配されている。この件では青森県が外務省、防衛庁、アメリカ大使館に抗議したが、会としてはアメリカの自然保護団体オーデュボン協会までメールを送り、アメリカの市民団体からアメリカ政府への抗議をお願いした。

白神山地に生息する天然記念物クマゲラの生息調査と研究はまだ進んでおらず、これからである。その間、鰺ヶ沢スキー場の拡張工事、治水のためのダム建設や堰堤工事などが後を絶たない。観光のための道路の拡張計画（大型観光バスの運行問題）や道路の舗装工事も進んでいる。しかし、山に入るということは、砂利道でリスクも多いということである、旧弘青林道も、けもの道が多い。また、入山者のごみのポイ捨て問題、白神岳の頂上に完成したトイレによる近くのわき水の大腸菌問題。さらに、キャンプ場のごみの投げ捨てが多く、動物が里におりてきている。

今まで会としてはごみ拾いを実施してきたが、これからの取り組みとして、エコツアーに参加してくる方々と会のメンバーと多くの会員の皆様とともに、世界遺産周辺部の自然が破壊された地域での自然の再生復元活動も進めたいと思っている。

■――ブナの森復元運動

白神山地を守る会の事業の一つとして「ブナの森を育む事業」がある。

二〇〇〇年は四〜五年おきのブナの実の大収穫の時期だった。全員で毎週ブナの森に出かけては、ブナの実を何万個も拾った。このブナの種子は、白神の遺伝子保存林から採取したブナの実だ。そして、会員だけではなく全国の自然を愛する方々に、ブナの実や苗木を自分の手で育てていただき、白神に植林する運動を展開している。こういうことはブナの森の再生や復元のために必要であり、併せてこの事業を支援していく上で「クマゲラの棲むブナの森復元基金」も設けている。（詳しくはホームページhttp://www.infoaomori.ne.jp/~nagainpo/ を参照）。私たちは自然保護の原点は、自然の大切さを学び・体験することにあると考えている。

今や、地球規模で進む環境汚染は、地球温暖化、オゾン層破壊、異常気象、砂漠化など有限な地球環境を蝕み、人類に警鐘を鳴らしている。私たち一人一人が身近にできる行動から、何か一つ地球環境や自然環境の保全に役立つ運動ができればと思っている。

白神山地の天然ブナ

第3節　かつての豊かな自然を取り戻したい！

霞ヶ浦アサザプロジェクト　――市民による公共事業で湖に自然を取り戻す

飯島　博（霞ヶ浦・北浦をよくする市民連絡会議）

私たちは日本で二番目に大きな湖、霞ヶ浦とその流域に自然を取り戻す取り組みを行なっています。霞ヶ浦の面積は二二〇平方キロメートルで、流域面積はその十倍の二二〇〇平方キロメートルです。このように広大な地域で環境保全や自然保護の取り組みを展開するには、そのための戦略が必要です。地域をまるごと対象とした環境保全や自然保護を実現するためには、産業や教育といった地域に広がる社会システムに、環境保全機能を組み込むことで、生態系の物質循環や水循環、生物の移動を意識した人やモノやお金の動きを作り出し、地域に則した循環型社会を構築していく戦略が必要なのです。また、そのときに欠かせないものとして、縦割り化した行政施策を総合化する市民活動の役割があります。

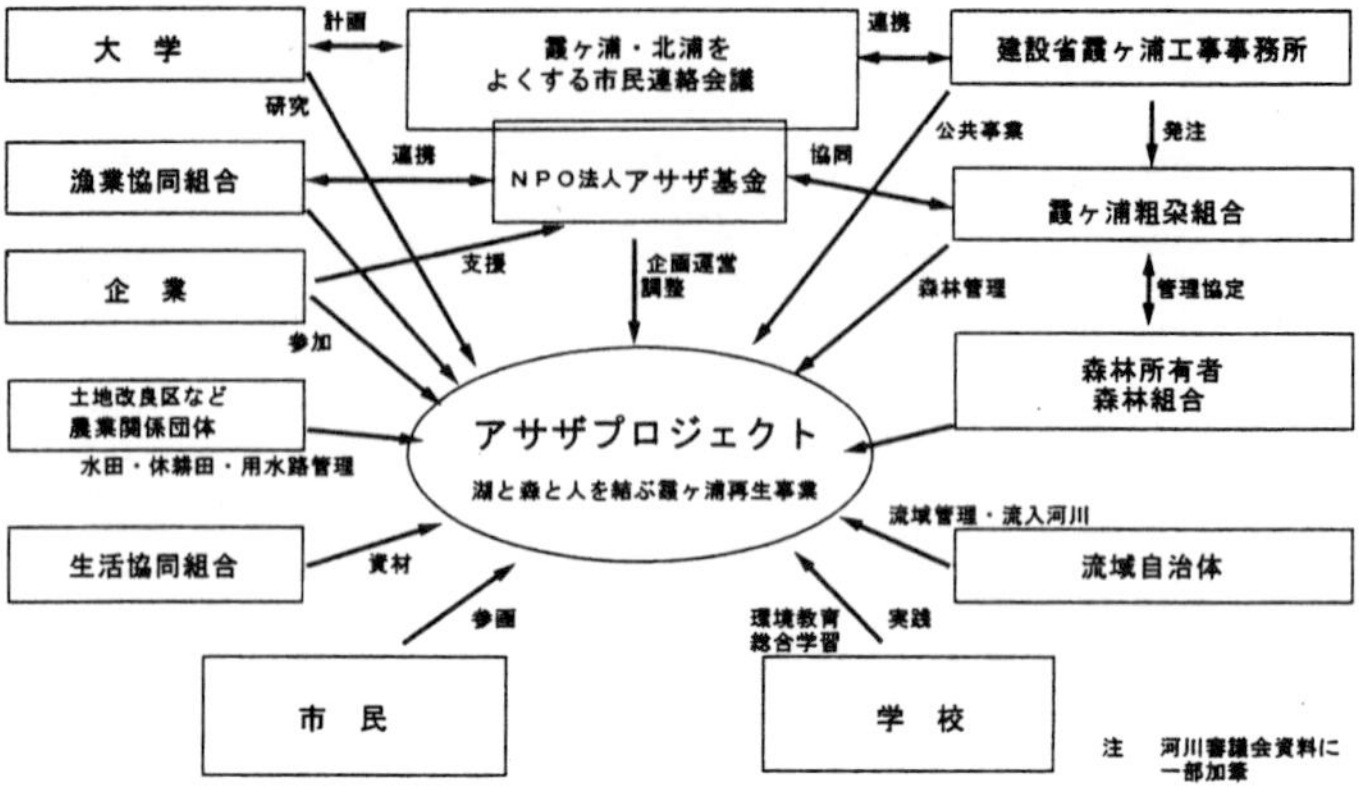

図1　市民による公共事業・連携フロー図

私たちは、上記の戦略に基づいて、霞ヶ浦とその流域に持続可能な社会を構築するための取り組み「湖と森と人を結ぶ霞ヶ浦再生事業・アサザプロジェクト」を、一九九五年から行なっています。

■──市民による公共事業〜アサザプロジェクト

「アサザプロジェクト」は、湖と流域全域を視野に入れた環境保全、再生活動で、流域の市民団体、漁協、森林組合、企業、行政、学校などが参加した、広域のネットワークによって担われています。アサザプロジェクトは、一九九八年版環境白書で「源流から湖まで住民によるトータルできめ細かな流域管理をめざす、地域の多様な分野を結ぶ協同型事業」として紹介されました。

プロジェクト開始（一九九五年）以来、流域の市民四万八千人、一六〇校の小学校（流域の九割以上）が参加しています。取り組みの広がりと共に、従来個別に実施されてきた公共事業や施策にも連携が生まれ、これまでにない効果が生まれています。アサザプロジェクトは、霞ヶ浦に豊かな自然を取り戻し、持続可能な社会を構築することを目標とした、誰もが参加できる「市民による公共事業」です（図1）。

■—自然の働きを生かした公共事業

アサザプロジェクトは、湖が持っている自然の働きを利用することで、湖全域で自然環境の再生を実施する取り組みです。具体的には湖に自生するアサザ（ミツガシワ科・絶滅危惧Ⅱ類）という水草の群落を使います。アサザは湖面にハート型の葉を無数に浮かべ、大きな群落をつくります。アサザの大きな群落ができると、沖合から湖岸に打ち寄せる波の力が群落に吸収され、波が抑えられるのです。そのため、岸寄りのヨシ原は波による浸食から守られ、同時に、アサザの群落付近には砂が堆積し浅瀬ができるので、ヨシなどの群落が広がることができるようになります（図2）。これは、本来水辺の植生帯が持っていた働きです。岸から沖に向かって、多様な水草群落が連続することで、その働きは生まれるのです。

アサザプロジェクトは、力ずくで「自然を復元する」のではありません。湖自身が再生する力、

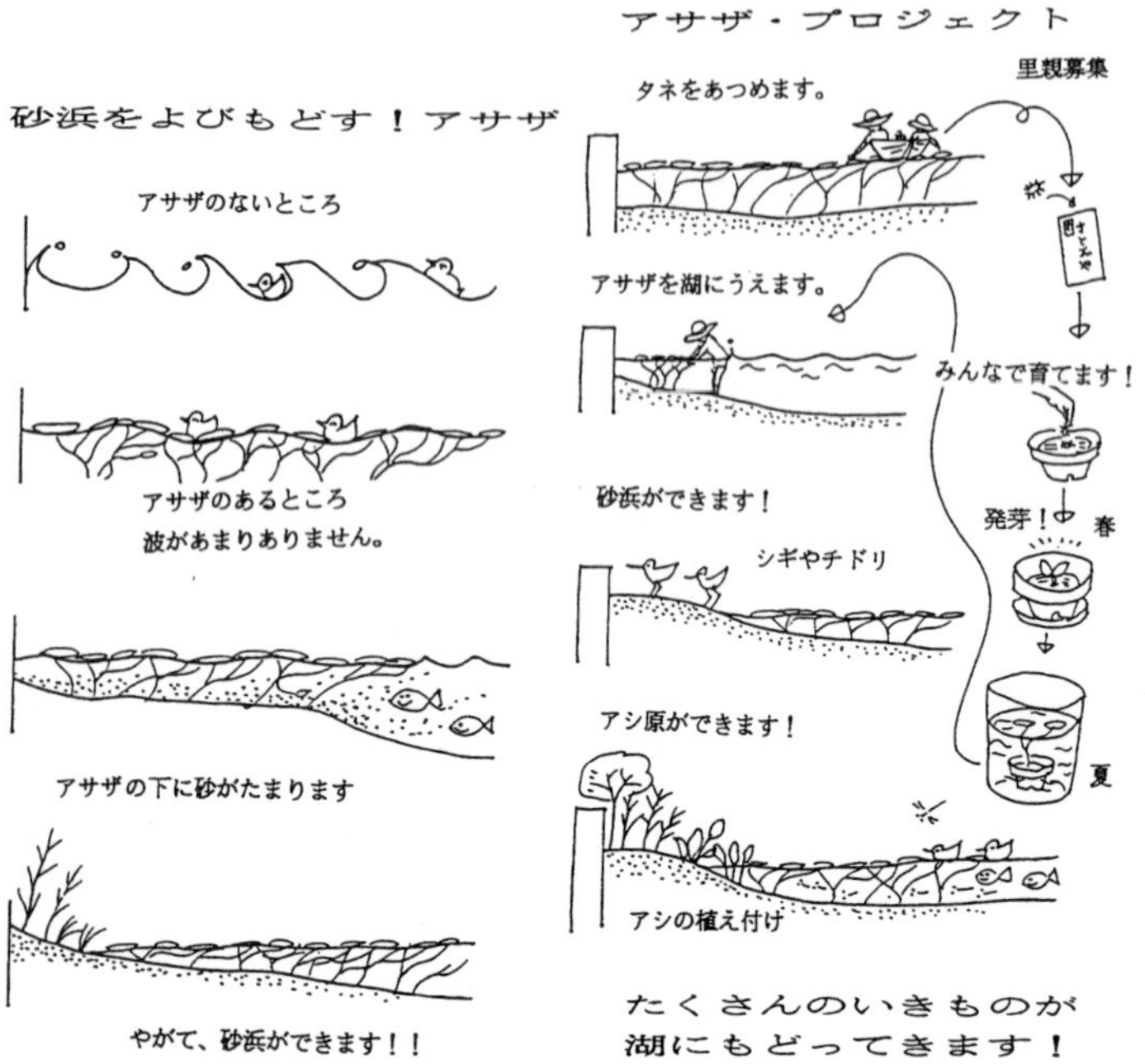

図2　砂浜とアシ原をよびもどそう！　みんなで！！

つまり自然治癒力といったものを引き出すというやり方で進められていきます。私たちは、この取り組みを行政による大規模な土木工事によって造る石積みの波消し施設（市民が参加できない従来型公共工事）の対案として示しました。

■——小学生が参加する公共事業

また、アサザを使った湖の再生事業には、湖全域で誰もが参加できます。湖に植え付けるアサザを育てる里親制度は、小学校を中心に流域全域に広がりました。アサザプロジェクトの特色の一つは、環境再生事業と環境教育が一体化していることにあります。

流域のすべての小学校にビオトープを設置して、集まって来る生物を調べ、インターネットで情報を共有するシステムを構築しています。これにより、流域で常時モニタリングを行なう体制をつくり、将来の流域管理に生かします。同時に、年間約百校で出前授業を行なっています。さらに、湖で国が実施している自然復元工事も、小学校が参加して行ないます。

小学校を各地域での拠点にすることで、「霞ヶ浦再生」という夢の実現に向けて子どもと大人が共に取り組み、地域ぐるみで子どもたちを育てる環境を作り上げています。持続可能な社会を構築する上で、未来へ向けた人づくりが重要です。

■——伝統河川工法が湖と森を結ぶ

社会に循環を生み出すためには、個々の取り組みや技術が自己完結しないことが重要です。取り組みが取り組みを連鎖的に生みながらネットワークを作るような展開が必要です。

霞ヶ浦では現在各地の市民や学校によるアサザの植え付け会が行なわれていますが、自然環境が悪化してしまった湖にアサザを植え付けても根が十分に張る前に流されてしまうことが多いのです。湖では護岸の影響で波が荒く、アサザ群落を再生させるのは、そう簡単ではありません。アサザが十分な群落を形成するまでの間、沖からの波を和らげるための処置が必要です。

そこで、着目したのが伝統河川工法「粗朶《そだ》沈床」(粗朶消波堤)でした。粗朶沈床は、湖底に丸太を打ち込み、枠を組んで、その中に雑木の枝を束ねた粗朶を詰め込んで造ります。粗朶沈床の材料に流域の間伐材や雑木を使えば、流域の森林保全活動を湖の再生と同時に行なうことができます。粗朶沈床の実施を契機に、アサザプロジェクトは水源を含めた流域全体を視野に入れた取り組みへと発展しました。

霞ヶ浦流域の森林面積は、流域全体の二割にまで減少しています。このまま森林の減少や荒廃を放置すれば、湖の健全な水循環を維持することが困難となります。流域全体を視野に入れた森林保全の実施が急務です。現在、国土交通省霞ヶ浦工事事務所は私たちの提案を受けて、粗朶沈床の設置を湖全域で大規模に実施しています。これにより、毎年新たに約一〇〇ヘクタールの森林を管理することが可能となりました。

■──自然保護が新しい産業を生み出す

粗朶沈床の取り組みでは、当初流域から粗朶を供給することはできませんでした。粗朶は流域の雑木林（落葉広葉樹林）を管理することで、生産されます。しかし、流域の雑木林は使われなくなってから三十年以上も経っていて、どこも荒れ放題です。燃料革命以降、雑木林を利用する暮らしや産業もなくなって久しいためです。

流域の雑木林から粗朶を供給するためには、新しく産業（地域との結び付き）を生み出すしかありません。流域の雑木林の手入れを行ない、その時に発生する雑木の枝を集めて粗朶をつくり湖の再生事業（粗朶沈床）に供給する産業が必要です。そこで、これまでアサザプロジェクトに参加してきた様々な自営業者や企業に呼びかけて、有限会社霞ヶ浦粗朶組合を結成することになりました。環境再生事業がきっかけで流域に新しい産業が生まれたのです。霞ヶ浦粗朶組合は毎年新たに一〇〇ヘクタールの森林管理を目標に活動を続けています。管理地では、生物多様性を保全するために市民団体と大学がモニタリングを実施しています。これによって、環境保全以外にも雇用の創出な

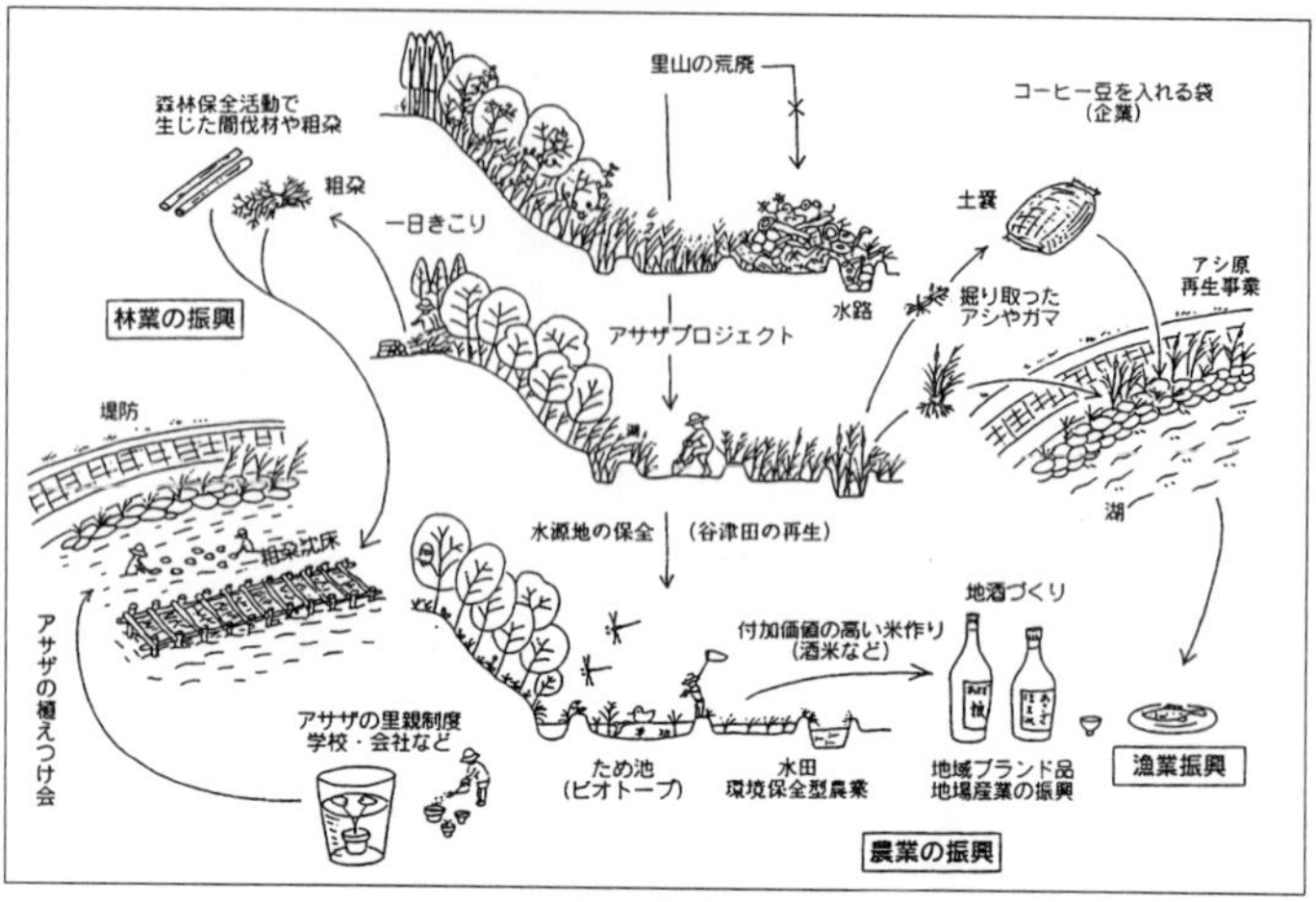

図３　アサザプロジェクトは地域の振興をもたらす．

ど社会的効果も生まれています。

霞ヶ浦粗朶組合のような新しい産業と連携することで、森林保全の取り組みがこれまでの「点」から、流域全体を被う「面」へと展開できるようになりました。環境保全の取り組みを流域全体で展開しようとするときに、地域に広がりを持つ産業との連携は不可欠です。

アサザプロジェクトはこのほかにも、漁協と共同で行なうヨシ原再生事業や、農家と連携した休耕田を利用したビオトープづくり、ため池の復元、市町村や国土交通省と連携した流入河川の自然復元事業など、多様な取り組みが各地で展開されています（図３）。

■――持続可能な社会をつくる一〇〇年計画

持続可能な社会をめざすアサザプロジェクトの目標は、社会システムの再構築にほかなりません。例えば、目標はメダカのすめる場所をつくることというよりも、メダカと共に生きることのできる社会システムを構築することにあります。それには、地域の産業や教育といった社会システム（社会的人的ネットワーク）に環境保全の機能を組み込む戦略が必要です。アサザプロジェクトは保全生態学の理論を社会システムに浸透させることをめざした生態系レベルでの実験として進められています。将来ここに構築される自然のネットワークと人的社会的ネットワークが重なり合ったときに、地域の自然と調和した持続可能な社会が実現されることになると考えます。

野生生物の生息に必要な環境要素と構造を基礎にして、私たちの社会システムを再構築していくことが自然保護だと思います。したがって、自然保護は規制や制限を求めるだけでは、人々に主体的な行動を喚起することは難しいでしょう。だから、私は自然保護や環境保全は、本来創造的な取り組みであると考えています。それらの取り組みは、新しい文化や社会、技術、価値、さらには「人間の生き方」を生み出すものでなければ、個人を核にした現代社会には浸透していかないからです。一〇〇年後の破滅的シナリオを回避するためには、一〇〇年後の再生のシナリオが必要です。人々が主体的に行動するためには、「破滅しないという目標」よりも、「再生するという目標」が必要だからです。

そのためには、環境が再生され持続可能な社会が構築されていく過程を、具体的にイメージできる形で人々に示していく必要があります。もちろん、これは単なる夢や希望ではありません。科学的で政策的な裏付けが必要です。

アサザプロジェクトは一〇〇年間の長期計画です。一〇年ごとの達成目標を、具体的な野生生物に設定しています。それぞれの生物は湖と流域に再生する環境要素とそのために必要な施策を総合化するものとして示しました。一〇年後にオオヨシキリ、二〇年後にカッコウやオオハクチョウ、三〇年後にオオヒシクイ、四〇年後にコウノトリ、五〇年後にツル、そして、一〇〇年後の目標はトキです。日本の近代化一〇〇年の中で滅ぼしたトキを、次の一〇〇年で復活させる計画です。長期計画で未来を拘束するべきだとは思いません。したがって、長期計画には、取り組みの各段階でモニタリング（科学的検証）を行ないながら、柔軟に対応していく手法（順応的管理 **adaptive management**）の確立が必要です。

参考文献

鷲谷いづみ・飯島博（1999）よみがえれアサザ咲く水辺—霞ヶ浦からの挑戦．文一総合出版
飯島博（2000）創造的自然保護のすすめ．遺伝2000年4月号．裳華房
飯島博（2000）自然保護のための市民型公共事業」環境と公害．2000年4月号、岩波書店

藤前から始まる干潟と海の復活

辻　淳夫（藤前干潟を守る会）

■——藤前干潟がのこされて

春まだ早き藤前の堤防には、平日でも昼休みを過ごす作業服のおじさんや、カップルが干潟を眺めている。今年は小中学生の野外学習も増え、うれしい悲鳴をあげそうだ。港湾施設や工場群で囲まれてはいるが、何しろ二一五万の都市の中に、一万キロもの海を越えてくる渡り鳥と、それを支える干潟の生物という、本物の自然が息づいているのだ。今年も、たくさんの人たち、子どもたちと、感動を分けあっていきたい。

藤前干潟をゴミの最終処分場にする名古屋市の計画は、一五年にわたるしなやかな市民のねばり強い活動が実って、一九九九年、埋立て計画が断念された。それは埋立てで追われ続けてきた渡り鳥だけでなく、干潟生態系がもつ、生物生産と水質浄化のはたらきと、そのつながりの輪の中で生かされている私たち人間をも救ったのである。それはまた、名古屋市のゴミ行政にも画期的な転機をもたらした。

干潟を埋めた臨海工業開発が可能にした大量生産と大量消費は、同時に大量のゴミを生み出し、

215万都市・名古屋に残された藤前干潟

残るわずかな自然さえ、埋立て処分場として食いつぶす状況になっていた。藤前が気づかせた「使い捨て社会」の行き詰まり、身近な自然の喪失、地球規模の不気味な環境汚染、〝このままで良いはずがない〟という人々の意識が、「街にゴミがあふれる」と半ば脅されながら、干潟の保全とゴミ行政の転換を選択したのである。

■――何がその力になったのか

ものいえぬ鳥たちの思いを伝えたいと始まった藤前の保全活動は、四季折々の渡り鳥や、干潟の生き物たちと出会い、ふれあいの場をつくる活動がベースになってきた。一方で、干潟を埋めようとするのが自分も出すゴミであることから、鳥には関心がないが大切な環境を自分の出すゴミでつぶすのはイヤという人や、食や健康、くらしを考える人々とともに、ゴミ処理やリサイクルの現場を訪ねたり、五年連続で「ゴミ鳥シンポ」を開いて、ごみ減量へ提言するなど、「使い捨て」を見直す活動としても広がった。

超党派、全方位の一〇万人請願を全党派の賛同で市議会に提出し、当初計画を半分に縮小させた後は、半減でも致命的なダメージと主張し、アセスメントの科学論争にかけてきた。誰よりも現場をよく知っている者には、準備書の「影響は小さい」とした評価の欺瞞性が明らかだったからである。それらの内容を伝えて研究者や関係NGOの意見を求め、またその協力で、市民自ら集めたデータによって干潟の重要性と評価の不当性を立証した。

市長の諮問機関である環境審議委員会が「影響は明らか」と逆転答申したのは、かつてなかったことであり、環境庁が動ける根拠を用意した。処分場確保を至上命題とする名古屋市は、それでも、「人工干潟」で代償できると評価書をまとめて埋立て申請に踏み切ったが、私たちは、成功例とされる「人工干潟」の実態調査を直ちに行ない、代償にはなり得ていないことを報告した。環境庁も自ら調査委員会を組織して、実証試験さえ行なわない「人工干潟」計画の無謀性を厳しく指摘し、代替案の検討を促したのである。

それでも、なりふり構わず事業の推進を図る市当局を「埋立て断念」へ追い込んだのは、インターネットを通じて情報を共有した内外のNGO、研究者、弁護士、超党派国会議員、子どもたちの未来を案じた地域のお母さんたち、そして、諫早の『ギロチン』で沸き上がった、理不尽な公共事業に憤る内外世論の大きな包囲網だった。

■——これからめざすこと

① ゴミで環境を壊さない社会へ

九九年一月の「計画断念」後、周辺自治体の反発で代替処分場が確保できない名古屋市は、「ゴミ非常事態」を宣言し、二年間で二割の減量目標を立て、徹底分別による資源化でそれを達成した。市長も述懐したように「苦渋の決断だったが、正しい選択だった」し、市民も突然の複雑な分別ルールに混乱しながらも、自発的な協力で応えたのである。

しかしこのあと、さらなる減量のために、いかに発生段階での減量へつなげていくかは見えていない。名古屋市は、藤前に代わる処分場として、木曽川河口の浅海域に広域処分場をつくる構想を持っている。もし、そんなことをしたら、藤前保全の英断で世界から寄せられた称賛はどうなるのか？

もう、あらたな海のゴミ埋立てはきっぱりとやめて、岐阜県多治見市の八年の延命を許された愛岐処分場を最後の処分場として、そこを使い終わるまでに、あらたな処分場を必要としない（埋立てゴミゼロ）態勢をつくりあげる決意をしてほしい。

② 藤前を干潟保全のモデルに

環境省は、藤前干潟を鳥獣保護区に指定し、二〇〇二年のラムサール条約登録地指定をめざして動き始めた。法的な保全態勢整備と合わせて、干潟内の浚渫《しゅんせつ》深みの埋め戻しや、シギ・チドリの満潮時の休息地確保、ネイチャー・センターなどの環境整備も図ってほしい。

私たちは、子どもたちに「センス・オブ・ワンダー」を伝えるしくみを、市民のハートウエアとして用意していきたい。それは「干潟探険隊」や「生きものまつり」、「干潟の学校」で培ってきたものの先にあり、若い人たちが引き継いでくれるだろう。

③ ゆたかな伊勢湾をとりもどそう

藤前は残されることになったが、その母なる海―伊勢湾はどうだろう？　実は、藤前干潟には過去の傷跡である浚渫深みがあり、夏の赤潮で発生する貧酸素水塊（＝青潮）で、周辺のゴカイやアナジャコの大量死が毎年起きていることが分かった。

伊勢湾は東京湾の五倍もの生産力を持つといわれるが、その漁獲高の変化を見ると、今や瀕死の状態である。年間半分以上の日数、赤潮が発生しているという。それらの原因はすべて干潟や藻場をつぶしてきたことと、流域からの汚染負荷にあることは明らかである。二〇〇五年の愛知万博を

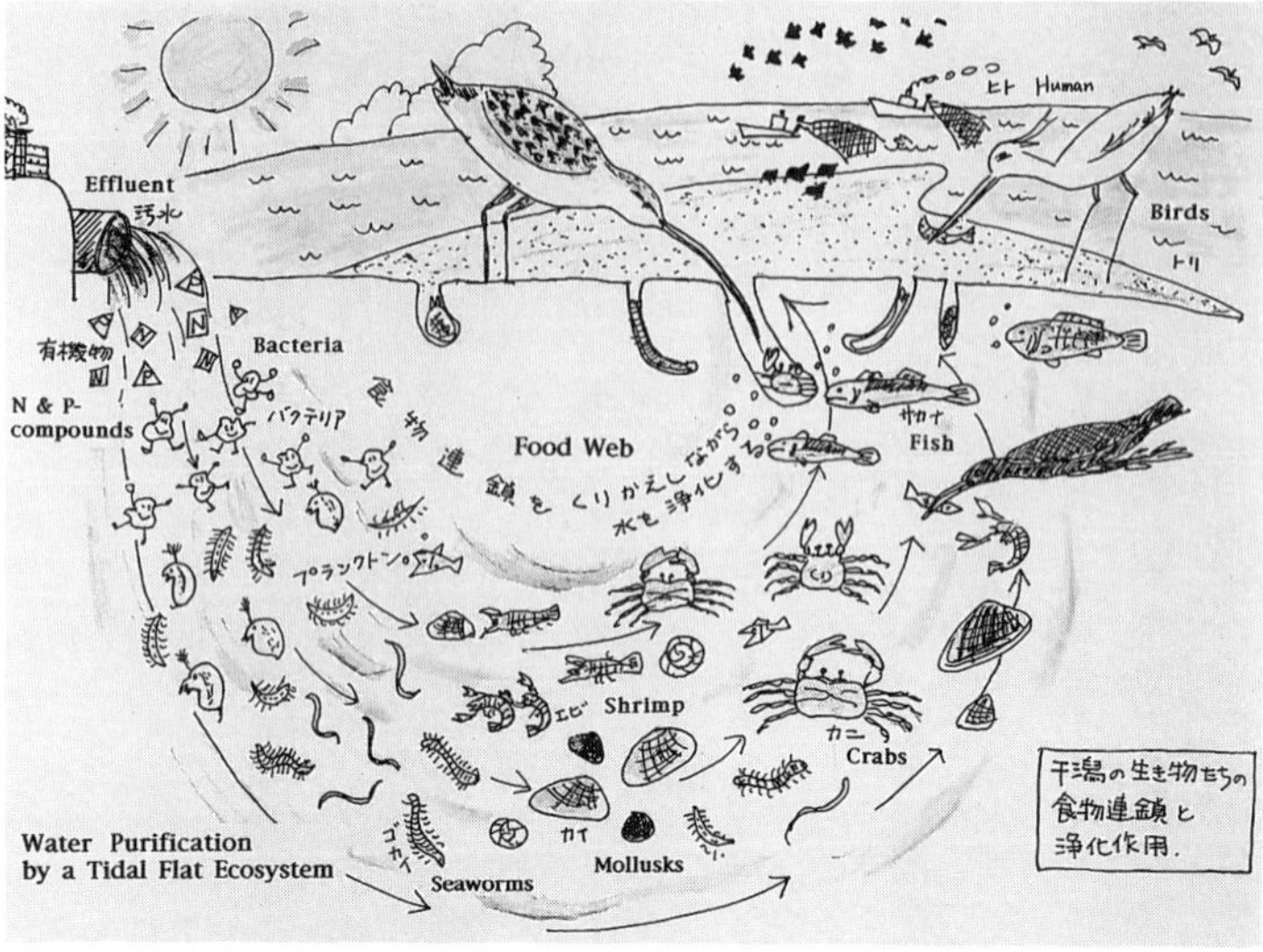

干潟の生き物たちの食物連鎖と浄化作用

「環境万博」とする以上、伊勢湾で最も重要なアマモ場を埋めつつある中部新空港は中止しなければならない。長良川の河口堰を開放し、干拓後三十年以上放置されてきた木曽岬干拓を干潟に戻すなどの環境修復を図りたい。

「環境万博」の広域展開として、森―川―海をつなぐ流域の生態系を見直し、伊勢湾の環境修復を図ることが、瀕死の海を救う絶好の、しかし最後の機会だろうと思う。

■――干潟や海を原則保全するしくみを

新世紀は、「有明海の異変」と漁民七千人の決起で明けた。山下弘文さん（諫早《いさはや》緊急救済本部代表、二〇〇〇年七月急逝）の予想通りの展開であり、「水門開放」から始まる干潟の再生と、

「宝の海」有明海を復活させてゆく、大きな苦難を伴うが、希望のある挑戦が始まった。

これからは、「残されたものの保全」から、「失われたものの復元」をめざす時だろう。失われた湿地のリストアップと、復元の具体的なスケジュールをいかに立てるかという課題が、ラムサール条約会議から日本政府と私たちに与えられている。これからも個別対応は重要だが、同時に、行政の自由裁量である公共事業を政治的なコントロールが可能な仕組みに変えることや、開発が原則自由の「公有水面埋立法」を廃止して、ラムサール条約の国内法に当たる、生態系保全とワイズ・ユースが原則の「湿地・公有水面保全法」の制定を、日本湿地ネットワークの共通課題として取り組んでいきたい。

東京最後の里山・横沢入の将来をみんなで考える基盤づくり

中野　勝（ムササビの会）

私たちのグループのスタッフは、横沢入《よこさわいり》を、二年前には東京の最後の里山と称して展示会などを開催していましたが、今は崩壊がどんどん進行している里山と、事実に即して称しています。私がかかわりだしたのは、一九九七年冬の一月二六日、大雪の降った後の、寒い日の観察会からです。今考えると、なぜ参加したのか定かではないのですが、四十〜五十名くらいの人数の集団の中にいたのです。定刻に少し遅れて行なったために、最初の観察会の目的などの話は聞けずじまいでした。その時の印象は、えらく年寄りが多い集団だなアーというものでした。観察会後の懇親会が近くの公民館であると言うことで、野次馬的に参加してみますと、二十名近くの人が集まっていました。そのときに、どんな内容の話が出たのか、もう記憶には残っておりません。なぜその観察会に行ったのかということですが、おそらく、一九九六年から、私はホタルの復元活動を地元で開始したことに関連していると思っています。

■――ホタルが川面に飛ぶ光景を見て

一九九六年の六月、私の住まいのほんのすぐ近くで、ホタルが飛んでいるという情報を耳にしました。早速夜八時ごろにその場所に行ってみると、本当にホタルが飛んでいるのです。二匹ほどつかまえて、ビニール袋に入れて家に持ち帰り、子どもに見せましたが、電気仕掛けのおもちゃを見ているようで、関心を示しませんでした。翌日の夜、小雨の降りしきる中、嫌がる子どもをせきたて、その場所に着きますと、飛んでいました。子どもはあっけに取られたようで、身じろぎもせず川面に飛ぶホタルに見入っていました。私はその時、救われたようなうれしさを強く感じました。

それから、福生《ふっさ》市のホタル公園の中村益男さんの指導を受け、ホタルの生態、養殖の現場を見学したり、ホタルに関する知識を増やしていきました。なんとか私が幼いころ、育った福島県の須賀川《すかがわ》で見た、ほうきで落とせるほどの群舞が見られるようにならないものか、と思うようになりました。そして、そんなホタルの群舞が横沢入で見られるという話を五日市に住む友人から聞き、冬にもかかわらず観察会に参加したようです。

表1　横沢入住宅開発中止までの経緯
1990年からの主な出来事

西暦	開発反対派関連	開発推進派関連
1990	東京オオタカ保護連絡会発足	横沢入の有効利用の上申書提出 ＪＲ東日本の土地買収
1991	秋留台開発を考えるシンポ開催	横沢入開発計画案公表
1992	横沢入保全のための署名活動	横沢入地区開発計画策定
1993	環境基本法制定 秋留台シンポ，第２回開催	秋留台地域総合整備計画を都が発表
1994	環境基本条例制定 横沢入地区自然環境調査検討委員会スタート	秋川市と五日市町の合併，住民説明始まる（広域開発のための町市合併）
1995	横沢入地区自然環境調査検討委員会報告書の説明会開催	横沢入土地利用検討委員会発足
1996	近接地でオオタカの営巣発見 横沢入展開催 **ムササビの会誕生**	市，ＪＲ東日本とが共同で地元説明会，開発促進署名活動
1997	“横沢入は今”シンポ開催 環境問題セミナー２日間実施	
1998	オオタカ調査始まる 東京の里山，伊奈石展示会開催 里山探検隊の創設 東京の里山，横沢入展開催	都は，秋留台整備計画の凍結
1999	イラストマップ発行 里山遊志の創設 横沢入の解説書刊行	田中あきる野市長との会見 ＪＲ東日本との定期協議
2000	雪害木除去作業，水路復元活動 鳥居本中学３年生来る ＷＷＦ主催クリーンハイク 里山管理市民協議会創設	石原都知事来る 住宅開発中止発表 あきる野市との定期協議開催

■——ムササビの会の定例会に参加して

観察会の後の懇親会で、定例会が月一回開催されていることを知り、どんな活動をしているのかを知るために、出席してみました。会場は立川駅のそばの喫茶店でした。出席者は私を入れて五人。そこで、横沢入の住宅開発の計画を聞いたような気がします。それでもその時の私は、横沢入という場所がそんなに貴重なところだとは感じてはいませんでしたし、横沢入に似ている場所は、関東近県ではたくさんあるだろうと、漠然と考えていました。その年の四月にシンポジウムをやろうという計画が持ち上がりました。

■——シンポジウムの開催

三月から開催の準備が始まりました。当日の講師陣の人選、およびその交渉、会場の手配、マスコミに対する働きかけ、新聞社への記事掲載依頼、折込広告、当日の運営、立て看板、横断幕の作成等々の設営等、項目を挙げると限りがないくらいで、それを少ない人数でこなしていくのは、初めての私にはなかなか大変に見えました。一カ月はあっという間に過ぎて、三人の講師も決まり、当日を迎えるばかり。当日の参加者が少なく、講演者に対する質問が出ないと礼を失するということで、会のスタッフがそれぞれの講演者に質問をするサクラを演ずることにして、当日を迎えました。いよいよ当日、参加者はスタッフを入れて三十名程度で、講演者に気の毒な感じがしました。人集めの難しさを思い知りました。我々にとって好ましい企画でも、なかなか人は集まってはくれないものでした。そんなわけでいつのまにか私はムササビの会のスタッフとして活動をしていたのでした。そんなときに、『ウオーターパス』という季刊誌に、ケビン・ショート氏の記事が掲載されました。多くの人々に横沢入に関心を持ってもらうには、ケビン・ショート氏に横沢入に来てもらおう、ということになり、交渉を開始しました。

■――ケビン・ショート氏を招いて、観察会の開催

日程の調整から始まって、一九九八年の五月に開催のめどがたちました。前回のシンポのときのようにPRに万全を期し、当日に臨みました。さァ、どうでしょう。集まった、集まった、集まりすぎて、テンテコマイ。一〇〇名をとっくに超え、一五〇～一六〇名は集まって下さいました。ほんとうにうれしい悲鳴をあげてしまいました。

集まった人々の多くは家族連れで、しかも、あきる野市在住の人が結構多く、今までの傾向とは異なり、こちらが望んでいる方向に風が吹き始めた感がありました。このころになると私自身も、

小学校の体験学習（撮影：湯田伝一氏）

数十人の友人を横沢入に連れてきては感想を聞いて、自分の判断の補強をして、横沢入を残そうという気分を盛り上げていました。実を言いますと、かかわり始めてから一年くらいは、この程度の里山は、関東近県の範囲であれば多くあるに違いないと思っていたのです。しかし、気をつけて見てみますと、なかなかないんだ、ということが分かってきて、活動にもようやく積極性が出始めたころであろうと思います。

■――イラストマップの威力

ムササビの会として、もっともっと横沢入のことを多くの人々に知ってほしいと考えていましたが、何かするのにはお金がかかりますから、なかなかできない。この年は、ＷＷＦと全労災の助成が受けられたため、横沢入のイラスト入りのマップを作ることにしたのですが、スタッフのＯｙ女史の頑張りで、一年がかりで完成しました。

初版二千部がなくなるのに一年とちょっとかかりました。このマップの威力は凄いと思いました。お金も六十万円近くかかりましたが、ほんとうに作って良かったと思っています。手にした人が、みんな喜んで見、読んでくれるのです。ですから、イラストマップが出来てからは、環境問題関連の会合に出席するときは必ず二十～三十部持って行き、会場で配布させてもらうようにしました。二〇〇〇年に改訂版を千部増刷しました。二〇〇一年に再度改訂、千部を発行する予定です。横沢入はこのイラストマップのおかげで、全国的に知られるようになったのではないかと思います。

■――横沢入の情報誌〝横沢入たより〟の発刊

「横沢入たより」は、Ｏｄ女史の発議で、広報活動の一環として三カ月に一回ぐらいに発行する気持ちで続けて、現在で8号になりました。編集委員は、Ｏｄ女史をリーダーに、女性スタッフ三人トリオのＯｎ、Ｏｙ女史。印刷、郵送などの雑用に、Ｕ氏、Ｋ氏や私が狩り出されることになっています。この「横沢入たより」は毎回、都議会議員、市議会議員をはじめ、都庁の環境局、建設局等の関係官庁や、日本野鳥の会、日本自然保護協会、日本ナショナルトラスト協会などの自然保護

横沢入に田んぼがあったころの風景（撮影：湯田伝一氏）

関連団体にも郵送し、横沢入の近況を知らせるのに役立っています。

■——展示会〝東京の里山・横沢入〟展の開催

一九九八年一〇月、あきる野市の玄関口である秋川駅そばのルピア四階の展示専門会場を五日間借りて、横沢入の展示会を開催しました。前回は武蔵五日市駅そばの勤労福祉会館でこの三月に開催したばかり。今回は会場も広く、場所も土日は買い物で混雑する東急の並びで開催。会場を四つに仕切って、一番目の仕切りには、横沢入の四季の写真を、S、Aの両氏に出品をお願いし、また、S氏の詩にT婦人の挿絵をお願いし何とかまとめ、第二の仕切りは、N氏の描いた横沢入周辺を題材にした歴史絵と伊奈石の石切塚の埋蔵遺跡についてを中心にして、三番目の仕切りは、横沢入に生息する昆虫の標本をM氏からお借りして展示しました。鳥類はK氏の実演つきのバードカービングの展示、そしてＭｓ氏の水生昆虫の生態写真、等々盛りだくさんの出品でありました。第四の仕切りは、ムササビの会のＰＲコーナー。この展示会には約四百名の人々が足を運ばれました。このときに多くの人から激励を受けました。この展示会を境にして、私自身が横沢入の保全を本気で考えるようになったようです。

Ｈ氏の後、私は会の代表として、二〇〇〇年の八月末までを第一期として、現在第二期目に入りました。期を一にして、二〇世紀中に、横沢入の住宅開発の中止が本決まりとなりました。この二一世紀には、ＪＲ東日本、あきる野市、東京都、そして横沢入にかかわる市民団体が今までのしがらみを乗り越えて一つのテーブルに着き、共同して横沢入の将来を話し合い、将来像を描き出していく必要があります。すでに二〇〇〇年の一二月二四日に、ＪＲ東日本を含む関係諸団体に呼びかけ、保全関連のルール作りの作業に入りました。少しずつではありますが、期が熟してきているようです。これからの横沢入は、市民の、市民による、市民のために有効に利用されねばなりません。そして、幾世紀を超えて受け継がれるような基盤作りを、この世紀中に、否、我々の世代でできればと、この事業を軌道に乗せて行きたいと考えています。

市民参加による田んぼや森の保全と再生 ——狭山丘陵菩提樹

榎本勝年（山口の自然に親しむ会）

二〇〇〇年一二月二三日、よく晴れた土曜日に、大きなケヤキの古木が枝を伸ばす農家の庭先で餅つきを行ないました。十年ぶりに復活させた田んぼで自分たちが作ったもち米を使った、収穫のお祝いともいえるものです。一年間田んぼ作りにかかわった、三十数人が集まりました。つきたてのお餅に舌つづみを打ちながら、この間の仕事を振り返り、みんなの努力と協力に感謝しあいました。

健康をそこねて力を入れる作業を禁止されている私は、素人がほとんどで数人の経験者の指導に頼る田んぼの作業には、手を出すことができません。そのかわり、暇を見て田んぼに出かけて、トンボやカメ・メダカなどの写真を撮るのを楽しみにしていました。

市民の手による田んぼ作りなどの里山管理活動は、私の菩提樹（ぼだいぎ・埼玉県所沢市大字山口菩提樹地区）の谷戸《やと》に対するこだわり、夢の実現へ向けての第一歩です。このことのために、二十年近く地元で活動を積み重ねてきた気がします。

自分たちで作ったお米でお餅つき

■——菩提樹の谷戸との出会い

私が菩提樹の谷戸に最初に出会ったのは、一九八三年春、地元山口公民館の自然観察会の下見のときです。西武球場の近く、丘の間の谷戸には小さな田んぼと湿地化した昔の田んぼ、放置されていたため池がありました。

急速に宅地化が進む首都近郊の所沢、山口のなかで、西武球場のすぐ東側に隣接するこの谷戸は、奇跡のように残された別天地でした。西武球場、ゴルフ場、大規模な霊園とすぐ近くまで開発された住宅地、狭山丘陵の小さな丘に囲まれたこの谷戸は、そこだけ何十年か前の東京近郊の農村地帯、里山の姿を残していました。その風景とその環境がつくる多様な生物相の予感に、「何としてもここを開発から守りたいな」と思いました。

当時、バブル景気の前で、狭山丘陵の周辺でもさかんに開発による自然環境の破壊と喪失が進んでいました。新任教員のころから中学生たちと頻繁に観察に出かけた、オオヨシキリの大繁殖地だった大きな谷戸も、ある年の冬、あれよあれよという間に埋め立てられ、大きな住宅地になってしまっていました。そんな様子を知っていたので、「残したい」という気持ちが半分、「いずれ開発されてなくなってしまうだろうな」というあきらめかけた気持ちが半分と、かなり悲観的でした。

「残したい」とは思ったものの、この土地は私の所有地ではないし、買い取るお金を持っているわけでもありません。以前に聞いた「政治家は自然保護をやっても票にはならないから、あまり一生懸命取り組んではくれない」という話が頭に浮かびました。短絡的に「それならこの環境を守ることが票になるようにすればいいんだ」と考えました。多くの人々に自然の大切さを知ってもらい、保護の訴えに共感してもらうために、観察会で自然に触れ合ってもらおう。自分にできることはそのお手伝いをすることだなと思いました。

■——定期的に開いた観察会

学期末にはテストの処理や成績つけで締め切りに追われる、仕事の遅い私は、どんな魅力的な場所でも、定期的に訪れて観察を続けるあてがありません。「気がついたら開発によって失われていた」

菩提樹池を観察する探鳥会参加者

ということにならないようにしたい。そのためには、「嫌でも行かなければならない立場に自分を追い込む」ということで、現地で定期的な観察会を行なうことにしました。

さいわい山口公民館の自然観察会で講師役を務めていたこと、当時植物や昆虫より野鳥の野外識別に多少の自信があったことなどで、野鳥を中心にした自然観察会を始めることにしました。山口公民館の館長さんや事業係長さんも賛成してくれ、公民館の観察会番外編として、公民館事業の一部に位置づけてもらえました。「菩提樹池早朝探鳥会」と名付けて始めたこの定例観察会は、毎月第二日曜日の朝六時(日の出が遅い冬の間は七時)開始で、一周およそ二時間余りのコースを歩きながら観察しました。

とにかく「続けることが大事だ」と、同じ時間

・同じコースを続けました。準備が負担になっては長続きしないからと、毎回同じパンフレット、同じリストをつかったりもしました。「偉大なるマンネリズム」と自嘲的に言ったものです。そんな中で、公民館の行事として市の広報にしばしば掲載してもらい、多くの新しい人に参加してもらえたのもありがたかったことです。

始めてから気がついたことですが、日曜日の朝早くの催しということは、貴重な日曜日の一日が無駄にならず、とても好都合でした。朝はきついものの、慣れてしまえば気持ちがいいものです。夫婦共働きの自分にとってはもちろん、家事の前に参加するという主婦にとっても、長く参加できる条件になったようです。

「早朝探鳥会」を始めて一年後の一九八四年、公民館の観察会や早朝探鳥会の参加者に呼び掛けて、自然愛好者の親睦を目的にしたサークルを準備しました。翌八五年一月、「山口の自然に親しむ会」を発足させました。「早朝探鳥会」や「自然に親しむ会」で出会った仲間は数多く、今も「早朝探鳥会」や菩提樹の田んぼ復活、里山保全の取り組みを担ってくれています。

以前から職場の都合などで「早朝探鳥会」に欠席せざるを得ないとき、これらの仲間に代わっていただいていました。一九九八年の三月、私が病気で倒れてからも、彼らが「早朝探鳥会」や「自然に親しむ会」の運営を続けてくれ、会報『おくっぽ通信』も、年四回発行で一七年目を迎えました。

「早朝探鳥会」や「自然に親しむ会」などをやっていたら、自然保護関係のいろいろな団体から声がかかるようになりました。おりしもフィールドにしていた狭山丘陵は、首都圏のまとまった未開発地ということで、開発の動きと保護の運動が集中していました。誘われるままに山口の菩提樹の谷戸という狭い範囲から、少しずつ狭山丘陵全体の保全運動にもかかわっていきました。

■――市民参加による里山の保全

一九八九年、狭山丘陵でもみんなから寄付をつのり、自分たちで土地を確保するナショナルトラスト運動を始めようということになり、準備段階からかかわらせてもらいました。アニメ映画「となりのトトロ」にちなんだ「トトロのふるさと基金」は、狭山丘陵の里山を残したいという私の取り組みにも大きな力を与えてくれました。

以前、「早朝探鳥会」を始めたころ、何人かで相談して「菩提樹池市民の森構想」というのをつくり、所沢市に提案したことがあります。所沢市で「市民の森」が何カ所かオープンし始めたころだったので、当時の市長は市政の方針の一つに「菩提樹池市民の森」をつくることを掲げ、市役所が動きだしてくれました。ところが地権者にあたったところ、三分の一くらいの土地を所有している地権者から協力を得られなかったということで、計画は立ち消えになっていました。

近年、この地域の開発計画が持ち上がり、「トトロ財団」とともに所沢市に適切な対応を要望しました。所沢市も事業者に、保護団体と話し合うよう要請しました。私たちと事業者の話し合いによって、「この地域を市民が自然に親しめるような環境に変えていく」「所沢市が市民の森計画に取り組むときは協力する」と確認できました。

一九九九年一二月より、十年前から稲作りをやめていた田んぼで、米作りを復活させる取り組みを始めました。所有者の参加も得て、市民参加で再生をめざしています。早速田んぼの周辺や水路には、ホトケドジョウ、メダカ、クサガメなどが現れました。

人手不足で放置され、荒れるにまかせている狭山丘陵の雑木林や田んぼなどを、市民参加の形で手を入れたいものです。これが人とのつきあいの中で形成されてきた、狭山丘陵の里山景観を残すための条件です。このことは単に景観の問題にとどまらず、人の生活と密接にかかわり合って生きてきた、多くの里山の動植物の生活の条件を守るためにも大切になっています。

地元で育った仲間も、「子どもの頃には小川に〝あかんちょ〟(天然記念物のミヤコタナゴ)がいっぱいいて、よく捕まえて遊んだ」と話しています。この地域の里山環境を復活させることによって、ミヤコタナゴが泳ぐ小川も取り戻せるかもしれません。

これらの活動は都市近郊住民の新しい余暇の過ごし方にもなりそうです。この一年間の田んぼの活動でも「大変だが楽しかった。また来年もやりたい」とみんな言っています。子どもたちの「体験・環境学習」の場としても生かせそうです。経験や技術を積み、仲間の輪を広げながら、これらの道も探っていきたいと思います。

第4節　希少動物を絶滅から救え！

ナキウサギの生態調査を運動へ生かす

小島　望（岩手大学大学院　連合農学研究科）

一九三四年に指定された大雪山国立公園は、北海道中央部に位置する、日本で最も広大な面積を誇る国立公園である。その最南端にある然別湖《しかりべつこ》は、天望山、白雲山、東ヌプカウシヌプリによって十勝平野と区切られた山上湖である。湖にはオショロコマの亜種ミヤベイワナが、「原始的自然」が広がる周辺地域には氷河期の遺存種であるナキウサギが生息している。

十勝平野の北端から東ヌプカウシヌプリを通り、この然別湖に至る新たな道路を建設しようとした計画が、一九九九年三月に中止された「士幌《しほろ》高原道路建設計画」である。この計画をめぐっては、地元の振興を唱える道路建設推進派と貴重な自然環境を守ろうとする建設反対派の間で激しい論争が、二八年という長い間にわたって交わされてきた。そのなかで、ナキウサギという動物が当地の

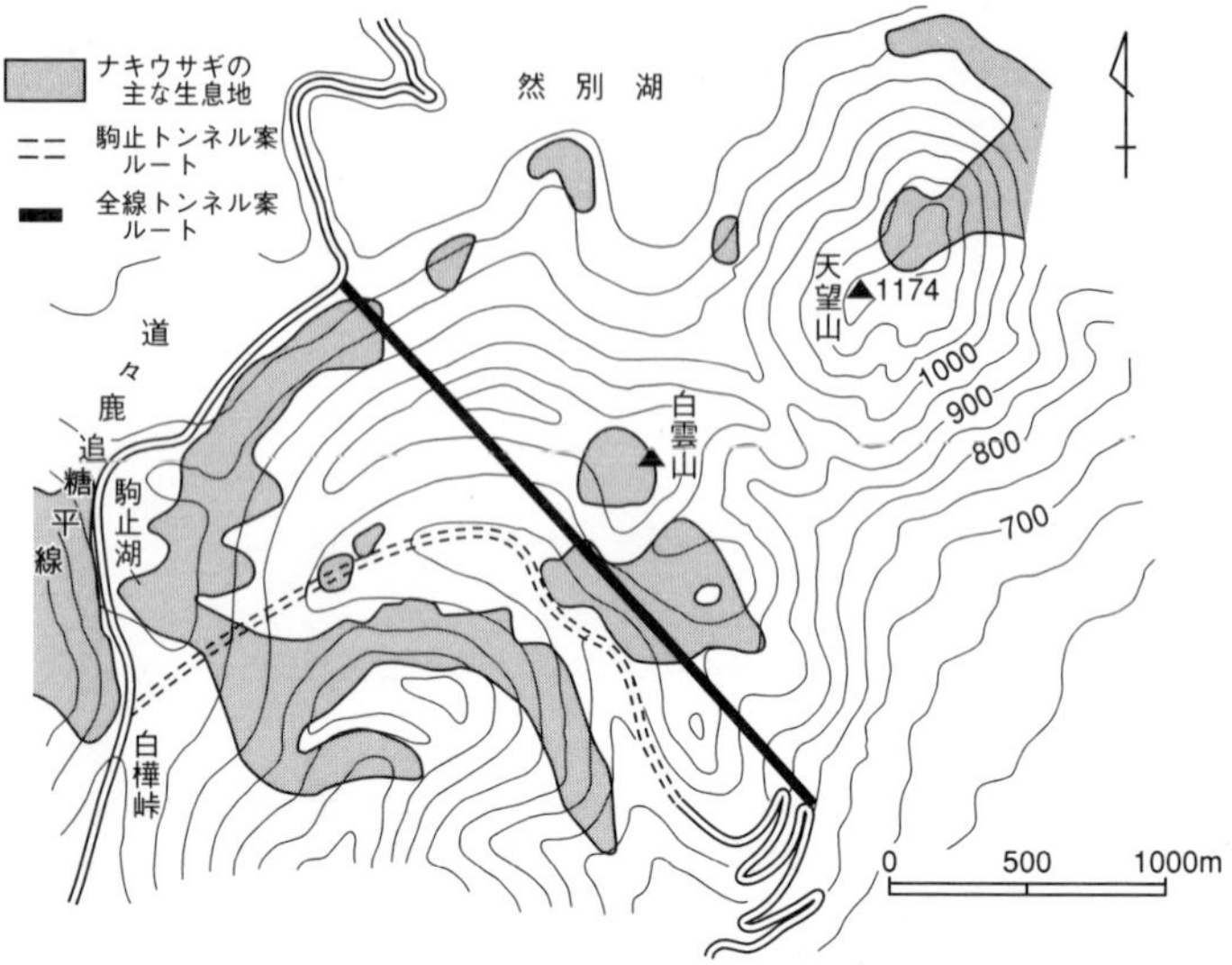

図1　士幌高原道路予定地周辺のナキウサギの生息地

「風穴《ふうけつ》」という特殊な環境に依存する、非常に貴重な動物であるという認識が形成されていく。その結果、ナキウサギの生息地に与える影響が建設計画の争点の一つとなり（図1）、ナキウサギは一帯を代表する象徴的動物として重要な鍵を握ることとなった。

ここでは、私が、このナキウサギという動物に関する調査活動から学んだことを、自然保護に役立つ調査はどう行なえばよいのかという視点から述べてみたいと思う。

■——調査の目標を定める

開発側の事業をストップさせるには、開発の根拠を覆すことが必要となる。生態的な面からアプローチする場合、例えば自然への影響がないとされているのであれば、「影響がある」という根拠を、希少な動物や植物が、生息あるいは生育していないとしているのなら、「生息あるいは生育している」という証拠を見つけ出すとよい。要は、開発側のずさんなアセス調査に対して異議を唱えることにある。とはいっても、そう簡単ではないと尻込みしてしまうかもしれない。しかし、案外、難しいことでもない。なぜなら、調査をしているアセス会社の担当者は、調査が専門といっても、必ずしもその地域について熟知しているわけではないし、調査対象について十分な知識を持っていないことも多いからである。しかも、少ない日数での限られた時間の調査であり、「影響は少ない」という結果を導き出すための帳尻合わせの調査がほとんどだ。したがって、専門家に協力を仰ぎ、時間をかければ、開発側の調査を覆すことは決して不可能ではない。

さらに、開発側に反論するための調査は、漠然と行なうよりも具体的に目標を設定した方が、効率的で、明確な成果を上げやすいと思われる。それにはまず、開発側の立場に立ち、何が明らかにされたら事業の継続が困難になるかを戦略的に考えるとよい。その他、士幌高原道路建設反対運動のナキウサギのように、地域の生態系のなかでの結びつきや大切さをうまく説明できる、シンボルとなる生き物を掲げるという方法も有効な戦略の一つだろう。

■――いろいろな人に知恵を借りること

調査によって、開発を阻止する材料をいくら集めても、それらをどう生かすかで結果は大きく変わってくる。まずは自らの調査内容がどのくらいの価値を有しているのか知ることが重要だろう。客観性を確認する意味でも、適当な人に見てもらってアドバイスをもらうとよい。これによって、自分ではわからなかった新しい視点が見えてくることもある。次に、戦略を練ることが肝要となる。調査結果をどのように公表すればよいかは、非常にデリケートな部分があり、公表内容が与える影響を十分に考えたうえで判断を下す必要がある。思わぬ所に問題が飛び火したり、開発側の都合のいいように使われないようにするため、ほかの人の知恵を借りながら慎重に行なうことが求められる。私は、自然保護に関わる調査についてのイロハを、長年の自然保護運動歴を持つ先生方から教わった。特にナキウサギの調査については帯広畜産大学の小野山敬一教授や大阪市立大学の川道武男助教授に、植物については北海学園大学の佐藤謙教授に、その他、帯広畜産大学の関礼子講師や北海道大学の小野有五教授、ひがし大雪博物館の川辺百樹氏など、多くの諸先輩方に有用なアドバイスをいただいた。経験豊富な人の協力が得ることが、自らの調査の信頼性や有効性を向上させる大きな要因になることは間違いないだろう。

■——データの公表とマスコミへの働きかけ

北海道は、士幌高原道路のトンネル予定地の出入り口付近には、ナキウサギは生息していないと主張していた。付近がナキウサギの生息地であると考えていた自然保護団体は、行政との交渉で、「周辺がナキウサギの生息地であれば、工事は考える」とのコメントを引き出していた。そこで小野山教授と私は調査を行ない、ナキウサギの食痕（植物を食べた跡）と、決定的な証拠である糞（丸く特徴的な形）を発見し、マスコミに発表した。さらに、行政（北海道と環境庁）へ、それまで開発側が根拠にしていた生息地でないという主張が誤りであることを報告し、中止の要望書を提出した。これが最終的な事業の中止にどの程度の影響があったかは不明だが、開発側の根拠を覆したことで、入札が終わり強引に着工されようとしていた工事を、一時的にでも止める力となったことは確かである。

また、北海道が主張していた「自然への影響を最小限にする」というトンネル案は、ただ地上への改変が少ないといっただけの何ら根拠がないものであった。そのため、私は、トンネル予定地より約一キロほど離れた距離にある然別湖湖畔トンネルで調査を行なった。ここは士幌高原道路に直接関係する場所ではないが、一九九四年に開通した小さなこのトンネルの周辺には、ナキウサギの生息地があったことが過去の調査でわかっていた。そこで、一帯に詳しい地元の人複数に聞き取り

ナキウサギの生息地確認

北大大学院生ら　十勝管内の広範囲で

道東の然別湖周辺に生息し、氷河期の生き残りと言われるナキウサギの生息地が十勝管内上士幌町から鹿追町にかけて広範囲にわたっていることが28日までに、北大大学院生らの調査で分かった。特に、鹿追町の駒止湖周辺はナキウサギが行き来するコリドー（回廊）となっており、保護対策が必要としている。【板垣　博之】

広範囲に生息が確認されたナキウサギ

調査を行ったのは、岩手大大学院連合農学研究科の小島望さん(28)と北大大学院地球環境科学研究科の沢田結基さん(25)の2人。これまで、然別湖周辺のナキウサギの生息範囲がはっきりしていなかったため、昨年夏から調査を続けていた。

調査結果によると、ナキウサギの糞などの痕跡から、生息地は上士幌町から鹿追町まで直線にして約3キロにわたっていることが判明。特に、地温が低く、岩のすき間などがあるミズゴケ被覆地はナキウサギの良好な生息地となっていた。

然別湖周辺では、士幌高原道路の建設が計画されていたが、道の「時のアセスメント」の対象事業となり、昨年3月に中止が決定。小島さんらは「道路のルートはナキウサギの生息地を直撃し、中止決定は正解」と話している。

ただ、ナキウサギが行き来する駒止湖周辺には、道道鹿追糠平湖線があるため、「最も保護しなければならない場所の一つ。現在以上に環境を悪化させない何らかの対策が求められる」としている。

調査結果は、3月24日から広島県で始まる日本生態学会と、29日に東京都で開かれる日本地理学会で発表される。

ナキウサギ　ウサギ目ナキウサギ科。シベリア、北米などに生息。国内では北海道の高山の岩塊地でしか見られない。大陸と陸続きだった後氷期（2万5000年前）に移り住んだ氷河期の遺存種。体が褐色で、体長約15センチのネズミほどの大きさ。「キッ、キッ」という鳴き声が特徴。

図2　毎日新聞　2000年2月29日

調査を行なうと同時に、現在ナキウサギが生息しているかを調査した。その結果、過去に生息していた痕跡は発見できたが、現在は生息していないことがわかった。それを裏付けるように、聞き取り調査でも、トンネルができて以来生息が確認されていなかった。この調査報告も、新聞や雑誌、テレビ等のマスコミを通して発表した。これらは、北海道の「トンネルはナキウサギを保全する」との主張を否定する材料の一つとなったと思われる。

中止が決定した後は、建設反対の根拠となったナキウサギと低温環境との関係や、ナキウサギの分布について調査を続けている。詳細な分布や、個体群どうしをつなぐ回廊の発見を新聞発表したこと（図2）は、新たな開発計画に対する予防的役割を担うだろう。このように、マスコミを媒介して情報を公表することは、開発に対する大きな圧力となる。

■――自然保護団体との連携

いくら価値のある調査研究を行なっても、成果を広く社会に知らしめることができなければ、その価値は薄れてしまう。その点、自然保護団体と連携することによって、効果的に世論に訴えることが可能となる。例えば、開発側との交渉のなかで調査結果をうまく生かしてくれたり、シンポジウムや勉強会で研究発表の機会を提供してくれる。さらに、調査資金の補助や調査協力などの面から調査環境を整えてくれるなど、自然保護団体は、研究者個人では対応しきれない様々な課題をサポートしてくれる。自然保護に役立つ研究を効果的に進めるうえで、自然保護団体の存在は非常に強力な後ろ盾となってくれることは間違いない。

■──注意しなければならないこと

開発側はお金や権力など様々な方法を用いて、有形無形の圧力をかけてくる。原発や産廃などの問題において暴力や買収などの話は枚挙に暇がないほどで、岐阜県御嵩町の町長が襲われた話もまだ記憶に新しい。もちろん、利権が絡んでくる開発を阻止しようとする自然保護運動もこの例外ではない。現に、私を長くバックアップし、指導してくれた教授のもとに、開発側の人間から脅しともとれるような電話もあった。組織内の連絡を密にし、各々で個別に対応しないなどの注意が必要だろう。

データの公表やそのタイミングについては、事前に漏れないように注意したい。調べた場所が撹乱されたり、証拠が隠滅される恐れがあるからである。特に植物や動物の痕跡などは簡単に隠滅されるだろう。このようなことを防ぐためにも、証拠は写真やビデオなどで必ず残しておかなくてはならない。また、こちらが何を調査しているか、相手に知られないようにするくらいの慎重さは持っておきたい。

あと、開発側との口頭での約束は注意すべきである。例えば、士幌高原道路でいえば、土砂崩壊を口実にトンネル予定地周辺の整備を行なうことを建設部が通達してきた際（トンネル予定地周辺がナキウサギの生息地であったことが工事の阻止に一役かったことは前に触れた）、士幌高原道路とは関係がない整備であると明言していたにもかかわらず、後日、開示請求で得られた文書からは、その整備が士幌高原道路建設の一環であったことが記されていた。これに見られるように、口頭での約束は信頼性が乏しいうえに、証拠としての有効性が極めて低い。必ず文書をかわすことをお勧めする。

■——自然保護運動における調査研究の役割

現在行なわれている公共事業を主とする開発行為のほとんどは、単なる無駄遣いに加えて、利権の温床となっていることは周知の事実である。さらに、これらの事業は、自然環境を破壊しているにとどまらず、経済や政治、教育にも波及し、私たちの暮らしをも確実に破壊してきている（諫早《いさはや》がそのよい例だろう）。その意味でも、自然破壊を阻止しようとする自然保護運動は、今や単なる自然愛護行為ではない。それは、士幌高原道路計画に対して、住民訴訟という形の裁判や、費用対効果という経済的視点など、多面的に運動が行なわれていたことからもわかる。

このような運動を支える調査研究には、開発側の科学的フィクション（＊）を暴き、それらをわかりやすく説明でき、問題解決の糸口を作り出すものが求められよう。そのためには、従来のような単なる学術調査スタイルではない、「市民の武器」となり得る、より実践性の高い研究形態を創出する必要がある。そのためには、科学的な基盤のもとに展開する、三つの「知」によって構成される研究形態が考えられる。それは市民に広く知ってもらうための「わかりやすいもの」、賛同者を得るための「興味を誘うもの」、開発を止めさせるための「開発への圧力となるもの」である。これらを満たした研究は、一般市民への理解を深めるための手段として働き、市民を行動に駆り立てる起爆剤となる。そのとき、「市民の武器」となる研究は、市民運動を成熟させる力にもなっていくだろう。

＊科学的フィクション……作為的につくられた偽りの科学データのこと。具体的には、ねつ造や改竄を用いた調査によって得られたものを指している。『報告　日本における[自然の権利]運動』（自然の権利セミナー報告書作成委員会編）のなかで、篠田健三氏が「公共事業を支えている科学的フィクションと法律の隠れ蓑に真っ向に対決するのが住民運動の原点である」と記している。この言葉に、筆者は言い得て妙であると深く感心した。

「みんなでやろうよ」——ヤマネと森　そして、人々のために

湊　秋作（やまねミュージアム館長）

■——ヤマネと共同研究者

「トントントン」と板を打つ音が、壊される寸前の大学の木造校舎から聞こえてくる。「釘こっちへちょうだい」、「板はもうないのかなあ」と言いながら巣箱を作っている学生たち。一九七四年の春の山梨。

ヤマネっていう動物は、日本特産種で、体重一八グラムほど、目がくりっと大きくて、尻尾には毛がふさふさと生えているかわいい哺乳類だ。背中に黒い筋が一本あるのが特徴である。このヤマネは、遺伝学的な研究では、数千万年前に大陸産ヤマネと分岐し、日本列島への固有度がすこぶる高く、日本列島最古参の哺乳類の一種である。しかし、森の人工林化や開発が進む中、天然記念物でレッドデータリストの動物として、保護策が急務な動物である。

学生だったぼくは、こんなヤマネを卒論のテーマとして研究を始めた。仲間と共にできた巣箱をリュックにいくつもつめて、一七七六メートルの山を登った。標高一〇〇メートルごとに一万平方メートルに巣箱を一〇個ずつ架設しながら、頂上をめざした。頂上についた瞬間、目の前に見える

アケビとヤマネ

富士山は疲れを飛ばしてくれた。仲間と共に山のてっぺんで食べるおにぎりは最高だった。二年間の研究で繁殖時期がわかり、冬眠中の体温変化が環境温度に連動していることや、学習能力があることなどがわかってきた。徹夜で観察した学生時代の仲間は、苦労を分かち合う「共同研究者」であった。ヤマネはとてもかわいく、これ以後、ぼくを不思議の旅へと誘うようになった。

大学卒業後、一九七六年、ぼくは、紀伊半島の山奥の小学校の教師となった。子どもたちと巣箱を「トントントン」と作り、八年間、毎月一回八〇個の巣箱を調べ、飼育しながら研究をした。子どもたちのヤマネへの想いは、素直で、根気強く、かわいいものだった。その間、性行動のしくみがわかり、仔の成長の特性がわかり、ヤマネ語の意味がわかってきた。子どもたちは、ぼくを支える

「共同研究者」だった。

■──たくさんのボランティアとともに

一九八八年九月、ぼくは山梨県清里にやってきた。生態研究を本格的に始めるためだった。ここ八ヶ岳山麓は、紀州の急峻な山と違い、なだらかな森で夜間の観察には適した森がずーっと続いていた。調査地を作ることになった。ぼくの方法は、測量して森の中に杭を二〇メートル間隔で打ち、その近くに巣箱をしかけるものだった。杭には番号が書かれ、見つけたヤマネや採食をした木の位置などを二本の杭から測量してマッピングして、コンピュータで計算させて、ホームレンジ（行動域）や森の利用度などを解明したいためだった。しかし、九ヘクタールの調査地に、また、一九九九年からは五〇ヘクタールほどの調査地に何百本もの杭を運び、たくさんの巣箱を運び、架設するのは、すさまじい仕事だった。そんなとき、たくさんのボランティアさんが集まってくれた。アースウオッチというボランティア団体のみんなが、全国から集まってきた。彼らは、旅費も宿泊費も食事代もすべて自前。それにエネルギーをたっぷり出してくれるという、ぼくら野外研究者にとっては「神様」のようなものである。

彼らは、杭を何本も背負って森へ入り、ポケットコンパスをのぞいては測量し、巣箱を手に手に運び、木に架けていく。みんなの力で調査地は広がっていった。みんなは、ぼくの研究の「最高のサポーター」である。

この清里の調査地での研究で、ヤマネのホームレンジが二万平方メートルもあること、食べ物が花粉や蜜や樹皮やアリマキや蛾の幼虫やサルナシなどさまざまであることなどがわかってきた。サラサドウダンツツジの花の蜜やアズキナシの木でアリマキを食べるときなどは、まるで、葉の裏をスケートするように滑りながら移動する。その速いことすばやいこと。ヤマネって本当に不思議で魅力的な動物だ。

冬眠場所をテレメータで追跡すると、落ち葉の下や浅い土の中や朽ち木の中で眠っていた。同じ冬眠動物であるシマリスは土中に深いトンネルを掘り、餌も貯蔵して冬眠に入るのに、落葉の下で冬眠しているヤマネを見ると「おい、こんな所で冬眠していて大丈夫か？　お前はなんとアバウトなやつだ」と言いたくなってしまう。でも、アバウトということは、たくましいということだ。強いということだ。体温を下げ、省エネですやすやと何も食べずに冬眠する彼らの生理は、長い時代を生き抜いてこられた仕組みの一つである。

■――だれでもできるヤマネブリッジ

森と森を結ぶヤマネブリッジ

こんなたくましいヤマネでも、森なくしては生きていくことはできない。清里の森では数年前、有料道路を作る計画が起こった。県はヤマネ保護のために森を伐らずにトンネルを作った。これはすばらしいことであった。

しかし、工事でヤマネのすむ森を分断してしまい、その結果、周囲の森と孤立した森ができてしまった。それで、ぼくたちは双方の森を結ぶヤマネブリッジを提案した。これは道路標識を改良したもので、さまざまな工夫がされた。県もぼくたちも共に懸命に知恵を出した。ぼくのこれまでの研究が応用されていった。周囲を金網で囲むことで天敵からの攻撃を防いだ。床面に板を敷くことで夜間の車の光をできるだけ少なくした。内部には、移動用のツル性植物を植え、シェルターとして巣箱を置いた。ブリッジの両側にはヤマネが食べるアズキナシやリョウブ、アケビ、ヤマブドウなど三百本が植えられた。また、森からブリッジへのアクセスとして丸太の道がつけられた。

一九九八年六月、それは完成した。一月後、ブリッジに行くと、ヤマネがコケで巣を作っていた。それから、毎年、シジュウカラが子育てを行なっている。森のヒメネズミも赤ん坊を育てた。ヤマネも利用している。その下を自動車がぶんぶん走っている。人と森の動物が共に暮らしている場だ。森の木はできるだけ伐らない方がいい。でも、どうしても伐らなくてはならないとき、このようなヤマネブリッジが必要となってくる。今後はこのような大きな道にかけるヤマネブリッジをスタンダード化する研究を行ないたいと思っている。スタンダード化すれば、だれでもができるようになり、日本や世界に広がるからである。

ぼくが環境教育分野でも環境保全分野でも大切に思っているキーワードは、「一般化」である。日本のだれでもが環境保全や環境教育に参画しないと日本は変わらず、日本の自然の未来は危ういと考えている。研究者の役割の一つはだれでもができるような保全の方法を、基礎的な研究を応用して世に提案することだと思う。

ぼくは、最近、「だれでもできるヤマネブリッジ」を提案している。日本の森を貫く一車線の車道はどこにでもある。実はそれにより困っている動物がいることをわれわれは知らないだけなのである。こんな道の上に枝一本で作ったヤマネブリッジを森の動物が利用することを確かめた。清里で行なう自然活動では「だれでもできるヤマネブリッジ」を親子連れや小学生だけで作っている。大人も子どもも枝を伐り、運び、道の上にかける。数時間で完成した枝のブリッジの下でみんなは記念写真。自分たちの力で森の動物たちがすみやすくなるという喜び、自分たちもできるんだという笑顔がすてきだ。

ぼくは教師を二四年間続けながら、田んぼや湿地を用いた環境教育に取り組んできた。二〇〇〇年の四月、教師を辞し、やまねミュージアムで働きだした。

日本の自然を空から見ると、陸上の緑は森と田んぼからなっている。すると、森と田んぼの自然を残せば未来の日本の自然は守れることになる。また、森と田んぼで次代を担う子どもたちに環境教育を提供すれば、未来の日本の人と自然を守ることができるのではないかと考えている。その森と田んぼは水でつながっている。森の環境教育と保全はヤマネを通して行ない、田んぼはこれまでの実践に加えて、清里のキープ協会のみんなと、「八ヶ岳田んぼの学校」を始めた。多くの個人や他の組織とスクラムを組みたいと願っている。組めば組むほど、多様で広くておもしろい仕事となると考えるからである。だって、自然保護とは、対象は自然であるが、人と共に行なう仕事だからである。

森と田んぼは日本中、ほとんどの所にある。みんなが一歩踏み出せば、日本の自然は変わり、守ることができる。あなたもやってみませんか。

生態調査・研究は希少鳥獣の保護には欠かせない　――アマミノクロウサギ

杉村　乾・山田文雄（奄美希少鳥獣研究会）

■――希少動物の宝庫

南西諸島、とくに奄美大島、沖縄本島北部のやんばるや西表島は、世界的に希少な動物の宝庫として重要な地位にある。奄美大島には、アマミノクロウサギ、アマミトゲネズミ、ケナガネズミ、ルリカケスなど、南西諸島固有の希少鳥獣が生息するほか、両生類や爬虫類にも南西諸島固有のものが多い。かつて、集落の人口は現在の数倍で、段々畑が斜面を上り、近くの森は主に薪炭林として利用されていた。それでも、今と違って集落の近くにもアマミノクロウサギはすんでおり、子どもたちはウサギのいそうな大木の根元の洞を煙であぶって、飛び出してきたウサギを捕まえて遊んでいたという。さらに奥山では、ケナガネズミの群れが大木の枝から枝へと飛び移り、オーストンオオアカゲラのドラミングがやかましく谷をこだまし合っていたそうである。今でも、開発の手を何とか逃れてきた奥山の森の中を少し歩けば、本土では見られない動物に次から次へとお目（耳）にかかれると言っても過言ではない。しかし、戦後から連綿と続けられ、近年は湯水のように莫大な金が注がれている公共事業、大面積に及んだ森林伐採などによって、これら希少な生物の生息地

写真１　90年代半ばまで続けられた天然林の大面積皆伐

の破壊や分断化が進んできた。さらに追い打ちをかけるように、何者かによって放たれたマングースが増え続け、これら希少鳥獣の生存が危機にさらされている。にもかかわらず、これらの種についての基礎的な生態調査も少なく、国や県も特に積極的な保護対策をとってこなかった。

■――森林伐採の影響

我々が活動を開始した一九八〇年代なかば、人里近いところの原生林はほぼ伐り尽くされ、チェーンソーは山奥深いところでうなりを上げていた（写真1）。過去の動物調査といえば、約十年前に一度だけ、それもわずかな箇所で行なわれたアマミノクロウサギの調査ぐらいのものであった。そこでまず、大規模に行なわれている森林伐採が鳥や哺乳類に与える影響の調査が始められた。連日、早起きの鳥よりさらに早く起き、おいそれとは姿を見せないアマミノクロウサギがどこに多くいるのかを確かめるために、数十キロに及ぶ林道に落ちている何千個、何万個という糞を数えては片づけ、また別の日に行って数えては片づけるという仕事をたった一人で続けた。こうした調査から明らかになったことは、やはり、原生林がアマミノクロウサギのすみ家として重要であるということであったが、このような仕事を受け入れる素地は日本の学会にはまだなく、論文は海外で発表された。それから四年経って、再び、アマミノクロウサギの糞を数えるべく島に渡った。このときはボランティアの学生三人が手伝いに来てくれた。そして、同じルートを調査したところ、至る所で伐採が進んでしまったせいか、数は激減していた。

さらに四年後、ようやく環境庁も重い腰を上げた。我々が直接頼んだ助っ人のほかに、十数名の学生も駆けつけ、一人二人程度で続けられてきた調査はにわかに活気づいた。となると気になったのは、一五年も前に出されたアマミノクロウサギの生息数六〇〇〇という、かなりいい加減に出された数字が一人歩きしていることであった。そこでまず、どこにウサギがいて、どこにいないかということをシラミ潰しに調べてみることにした。このころにはすでに、おびただしい糞が見られる林道は数少なく、分布域を確認するためには沢沿いの調査が欠かせなかった。ハブが動き回らない冬場に、二、三人の調査隊が、あるときは腰まで水に浸かりながら、あるときは滝のそばの崖をよじ登るというようなことをしながら、ひたすら糞を探しては数えるという作業の毎日であった。行ってみたところが、滝また滝の連続で動きがとれず、やむなく引き返してくることもあった。地図を指さし、難所に平気で人を送り込むリーダーは、鬼の……とさえ言われた。しかしそれでも、若い学生たちは何度も来てくれた。

三年続けられた調査で、アマミノクロウサギの分布面積は奄美大島で三七〇平方キロメートル（島面積の五二％）、徳之島で三三平方キロメートル（島面積の一三％）、個体数は奄美大島で二六〇〇～六二〇〇頭、徳之島で一二〇～三〇〇頭と推定された。一九七〇年代の調査結果と比べて、分布域は縮小するとともに断片化し、奄美大島の個体数は減少しつつあることが明らかになった。つまり、一九七〇年代には六〇〇〇頭よりもずっと多くのアマミノクロウサギが生息していたはず、ということになる。とくに徳之島と龍郷町《たつごうちょう》（奄美大島の北部）の個体群は、コンピュータでシミュレーションしてみると、百年も経たずに絶滅してしまうような、まさに風前の灯火であった。

■――移入種問題

日本が海外の森林を食い尽くさんとばかり木材を輸入し続ける間に、毎年十数億円を費やして作られる林道から伐り出される、高価なパルプ材はあまり魅力的でなくなった。林業統計を見ると、一九九〇年代半ばに生産量が急激に落ち込んでいる。少なくともしばらくの間、徐々にではあるが、

写真2　奄美大島で野生化したジャワマングース

森林は回復していくであろう。

しかし、一難去ってまた一難。今度は浅はかな考えで放たれたジャワマングースが急に勢いづいてきた（写真2）。これは一九七九年ごろに名瀬市でハブを駆除するために放されたといわれており、一九八九年には放獣地点から十キロ、一九九七年には二十キロとほぼ全島に広がり、アマミノクロウサギの生息域に深く入り込んできた。そこで今度はマングースの調査である。次から次へとワナにかかるマングースの胃袋を開いたり糞をひろい、その食性を分析した。この結果、マングースは雑食性で、昆虫や鳥を食べるが、とくに夏には両生類や爬虫類、冬には哺乳類（クマネズミ）が多いことがわかった。さらに、冬から春にかけてアマミノクロウサギが七例、絶滅危惧種のケナガネズミとジネズミが各一例発見された。

アマミノクロウサギは一回に一頭しか仔を産まない。繁殖期は主に春と秋の二回程度なので、すでにおびただしい数に増えてしまったマングースによる捕食がアマミノクロウサギに与える影響は、かなり大きいと考えられた。マングースは他の在来種の生存にとっても脅威で、駆除対策は急がねばならない。

名瀬市街地の南に金作原《きんさくばる》の原生林がある。七〇年代に伐採計画が持ち上がったとき、是が非ともここだけは、という地元の人たちの熱意で守られた。しかし、ここにもマングースが侵入し、地上に生息する在来種の動物は、ほとんど見られなくなったとさえ言われている。さいわい、今度は環境庁の腰も比較的軽い。一九九六年から四年間の予備調査の後、二〇〇〇年から五年間計画で本格的な駆除事業が開始された。駆除事業が成功に向けて進展することを大いに期待したい。

■――これからどうしたらよいのか？

島が紬の景気に沸き立ち、街のあちらこちらで機織りの音がしていた時代は去っていった。焼酎ブームと言っても、基幹産業となりうるほど爆発的でもない。それに比べて奄美群島振興のための国から補助金（奄振）の伸びは驚異的である。八〇年代には奄振三百億円と言われていたが、九八年度はすでに一千億円を超えている。事業費の大半が土木事業に使われ、林業も奄振にかなり依存してきたが、それも衰退してしまった。今や元気なのは土木とマングースぐらいだろうか？　このような状況が続く限り、奄美の野生動物に明るい未来は決して来ない。土木の人たちに野生の動植物を慈しむ心がないというよりも、土木を支える社会システムに自然の生態系や動植物のことを考える余裕はなく、マングースにとって在来の動物は単なる餌にすぎない。

このような時代は、いったいいつまで続くのだろうか？　官僚機構が時代遅れになりつつあると言われ始めてからかなり経つが、ほとんど何も変わっていない。土木公共事業はその官僚機構と膨大な財政赤字にぶらさがっている。これまで、我々は「もっと自然に優しい補助金の使い道を」と主張してきたが、受け入れられるような雰囲気はいまだにない。

しかし、悲観してばかりもいられない。貴重な動物たちを保護するための具体策として、

①保護区の設定や残された原生林を結ぶ保護帯の設定
②マングースとノイヌやノネコの駆除
③林業の見直し（長伐期化、皆伐面積の縮小、大径木を残す、林道開設量の縮小など）
④野生動物の交通事故対策（道路建設を減らす、トンネルなどの導入）

などを提唱したい。そして、それらを検討するための基礎データを作ることが必要である。ノイヌやノネコもマングースと同様の対応が迫られているが、島の特殊な生態系の中で、移入動物がどのような影響を及ぼすかをまったく知らないままに、動物が放されているケースが多い。これ以上、移入種問題を増やさないための予防手段として、住民や行政に対して、島の生態系の特殊性や生物多様性を守ることの意義、さらに移入種問題に関して積極的な教育や啓発をすることも必要である。

第5節　人と野生動物の共存を実現したい！

賛否両論を呼ぶ「クマの畑」の解釈と効果

板垣　悟（ツキノワグマと棲処の森を守る会）

皆さんは「野生のツキノワグマ」をどう思いますか。凶暴・人を襲う・巨大な恐ろしい動物、などですか。昔話や童謡、玩具で親しまれても、野生のクマはぬいぐるみではありません。実際、人が戦えば、鋭いツメとキバを持つクマにはかないません。しかし、ツメとキバは人を傷つけるためのものではありません。そのツメは、樹の幹にくい込ませて、素早く登る道具。そのキバは、手をテコにして、樹上の太い枝を折り、さらにクリやクルミを砕く道具。すべて生活に必要なものです。

身体もそう大きくはありません。一九九六～九七年に宮城県の調査で生け捕りした五頭のクマの体重は、大きい順に八五キロ、七五キロ、六一キロ、五八キロ、三二キロでした。北アメリカやシベリアにすむ五〇〇～六〇〇キロもあるクマとはまるで違います（大きいから凶暴ということでは

ありません)。
食べ物は、分類上では肉食獣でも、フンの採集でわかったことは、春夏は木々の若芽、新芽、野イチゴ、クワ、草本、タケノコ、昆虫、ウワミズザクラと畑のトウモロコシやカボチャなど。秋はミズキ、ドングリ、クリ、クルミや畑の果物など。一年を通してみれば、九八%以上は植物を食べているベジタリアンな動物です。秘められた力、知恵をひけらかすことなく、静かに森で暮らしています。

■——クマを救う

そんなツキノワグマが年々数を減らしています。姿を見ただけでハンターに追われ銃口の的になり、畑のものを少し失敬すると有害除殺許可が出され、ワナで捕らえられ、殺される。日本のツキノワグマは推定一万頭。年間その二〜三割が狩猟と除殺により殺されます。

有害除殺には、被害発生後に許可を受けるやり方と、被害発生を予め想定して行なう予察（予防）駆除があります。農作物を獣から守る行為は大昔からあったことですから、人の生活や営みに隣接して野生動物が存在する限り、除殺行為も延々と存在するでしょう。しかし、そのやり方に大きな問題があります。被害を的確に判断する人がいない。駆除全般を狩猟団体に任せっきり。行政措置としての除殺でありながら、獲物は駆除隊員のものになる。駆除が狩猟化しているのです。

クマの保護を啓蒙する中で〝一頭も殺すな〟と言うつもりもありません。種の重みとしてはクマの方が重いでしょう。でも〝人よりクマが大切〟と言えば極論と思われ、私たちの意見にも耳を傾けてもらえません。より多くの人がクマの保護に関心と理解を示してくれることを目的に活動を行なってきました。

「クマを救う」ということには二つの意味があり、命を救うのはもちろんのこと、もう一つは、宮城県下で行なわれていた、オリに捕らえられたクマをヤリで刺し殺すという残酷な行為から救うことでした。この「宮城のクマのヤリ殺し」は、本会で前々から改善を求めて、ようやく二〇〇〇年四月一〇日の環境庁通達により、銃の使用が認められました。問題としては何も変わっていません。改善の一歩と認識したいのですが、除殺の行為は止まりません。

「クマの畑」づくり．たねをまく．

■——クマの畑

本会は一九八五年の発足以来、いろいろ行なった中で、近年、一頭も殺すなと言わない代わりに、一頭でも多くのクマを救おうと、一九九七年、「クマの畑」なるものを試験的に始めてみました。それは、蔵王山麓で夏に多くの被害が発生し、除殺の対象となり、簡単に命を奪われてしまう、こうして続けば、いずれ東北から姿を消すか、激減することが心配され、いくらかでも夏の端境期を乗り切って、山に戻れたら、との思いが、農作物で農作物を守る「クマの畑」に結びつきました。

ある農作物の被害で除殺するのであれば、同じ農作物を山の手に作り、下に降りるクマを食い止めたらどうでしょう。被害農作物と同じ農作物にしたのは、クマに新しい味を教えない理由からで、蔵王山麓どこにでもあるデントコーン畑（牛の飼料用）を作り、結果を見てみることにしました。

当初から多くの反対意見も耳にしました。私たちは、被害の防波堤になる畑、被害のバリアのための畑、被害を及ぼしても〝おとがめ〟のない畑と、自らの気持ちを説得し整理しながら取り組みました。さらに外部からは「農作物被害を肩代わりする畑」と呼ばれて、より良い方に解釈されてきました。反対意見の中には、理想論を浴びせてくる人もいます。「クマはクマらしく、山で生きるべきだから、自然保護の立場で畑を作るのはおかしい」「クマは本来の食べ物を食べているべきで、畑はかえってクマを堕落させる」…ごもっともです。しかし、本来生息するべき森を奪い、本来の食べ物を奪い、わずかに残る森への移動経路を遮断したのは誰ですか。本来あるべきものを奪い去りながら、なおもクマには本来の生活を求めることは、クマにとって過酷です。「クマの畑」が最良の解決法となど思ってもいません。もう少しクマの立場になって考えてほしい。いま、クマの置かれた立場がどうなっているのか真剣に耳を傾けてほしい。

「反対ではないが問題だ」と心の葛藤を素直に意見してくれる人もいます。また、農作物ではなく、夏に実のなる樹、例えばクワとかウワミズザクラとかを植樹した方がいいとの意見も寄せられました。長い目で見ることも大切ですが、今の、今現在のクマを救うことを考えた場合、それでは解決できないと考えました。借りた〝畑〟に樹を植える訳にもいきません。休耕田を利用するには農作物でとなりました。「問題提起」「話題喚起」なしに自然保護はない。これまで成功し、定着した多くの活動でも、黎明期は賛否、疑問があったでしょう。

「クマの畑」は、めずらしさもあってか、マスコミにも多く取り上げられました。共同通信配信の地方新聞やスポーツ紙、NHKの東北地方番組「ドキュメント東北」(BSでは全国放送)、同「クローズアップ現代」、同「ニュース11」、また地元放送局をはじめ、遠くは札幌、東京、大阪のテレビ局が取材、放送されました。地元の人は「テレビに出るようなイイ活動をやってる」と思ってくれた人も多く、畑を無償で提供してくれる人も現れました。

初めは蔵王山麓の川崎町、二年目はそれに加えて蔵王町で始めました。蔵王山麓といえば、山岳観光と高原観光と牛乳やチーズの生産が盛んな酪農地帯。そしてもう一つ…別荘地。都市部別荘購入者が多く、クマが生息することが伝えられずに生活しています。都市のように生ごみを外に放置し、庭ではバーベキューの匂い。そうしてクマを寄せておきながら、クマの情報が流れると慌てる。あらかじめクマの生息を知っていれば、うまく対応もできると考え、地元の駐在所の許可も得て、駐在所や役場、県の担当係と本会の電話番号を併記したチラシを配布。クマの存在を知る人、それを喜ぶ人、知らない人、驚く人がいて、さまざまなクマに対する思いが聞こえてきました。

山でクマと人とのトラブルが発生すると、必ずクマが悪く言われます。「クマなんかいるとは思わなかった。クマに襲われるなど考えもしなかった」と口々に言う。本当は近い存在であるのに、知らないでいる不幸。クマを遠い存在と勘違いしています。本会も当初から、「知らせる、知ってもら

デントコーンのクマの食べあと．クマは来ていた．

う」ことを目標に、生息周知看板設置をしました。存在を知ることは、農作物被害対策や山でのトラブル回避などの点から重要です。今後も「周知」を怠らず、活動を進めたいと感じています。

「クマの畑」に、クマは本当に来るのか心配しました。来なければそれでも構わない。「クマの畑」には、人間が森を奪い、棲処を分断し、クマが山で生きることを困難にしたことへの償いと責任を果たす意味も込められています。

被害防除方法の紹介として、電気牧柵を酪農農家の畑へ本会が設置しました。被害の広がりを防ぐのに、駆除は簡単で早い方策です。が、それだけの理由で今後も続くのはおかしい。電柵はメリットはあるが、デメリットも大きい。高価なこと。農家の農地面積は広大で、張りめぐらすのが困難。人手や時間もかかり、力作業。仕事以外の重労働が増えるだけ。メンテナンスもたいへんである。漏電を防ぐため、毎日の草刈り。電気柵撤去作業もまたたいへんです。そこまでして、クマから畑を守り、クマを駆除から救う気などない。除殺をしてもらえばそれで済むのですから。そう考えると酪農農家がクマのことも少しは考え、被害防除を行なおうとした場合、「クマの畑」は安上がりで効果も大きい。いつもやっている作業の延長で、広大な農地の一端を「防波堤畑」に充て、出費も少なくクマの被害を防げるのですから。実際、クマは夏の端境期を私たちの「クマの畑」でしのいでいます。一カ月間、畑に居つきました。収穫する畑であれば、本当にクマが憎い存在になります。確かなことは、一カ月間、クマが他の畑へ行くことを食い止めたのは間違いないということです。

「人も被害者ならクマも被害者」を念頭に始めた畑。

「人も助かり、クマも助かる」という大きな成果を見せてくれた。

カモシカやシカとの共存のために　――新しい野生動物文化をめざして

高柳　敦（カモシカの会関西）

■――カモシカ食害問題

　野生動物には、その個体数や生息状況から、絶滅のおそれの高いものから普通に見られるものまで、さまざまな種が存在する。人と野生動物との共存というと、絶滅のおそれの高い種に関心が向きがちだが、普通にみられる種も、人間との間に軋轢が生じると社会的な問題となる。野生動物による農林業被害もその一つであり、現在、多くの農山村で大きな問題となっている。

　これらの問題は、実は、個体数の多い種だけの問題ではない。野生動物との共存という考え方が、多くの野生動物が自然な姿で生息できることを願っているのだとしたら、普通にみられる動物と共存できてこそ、また、個体数の少ない種の個体数が増えてきても共存できる社会的な基盤がつくられるはずである。そのような基盤がないために、個体数が少ないときは貴重な動物として大切に保護されながら、増えた途端に、今度は、害獣扱いされてしまう動物もいる。

　その典型的な種の一つが、ニホンカモシカである。カモシカは、近縁種が台湾や東南アジアに生息するが、日本固有種とされる貴重な動物である。近代以降、毛皮や肉を目当てに狩猟が盛んに行なわれ、非常に少なくなり幻の動物とまで呼ばれる程になった。そして、一九二五年に狩猟獣から外され、一九三四年に天然記念物、一九五五年に特別天然記念物に指定されて保護されるようになった。さらに、一九五九年には密猟事件が発覚して関係者が全国的に摘発され、密猟もなくなって、増えることができるようになったと考えられている。

一方、戦後の林業政策において積極的に人工造林が進められ、大面積の幼齢造林地がつくりだされた。若い造林地の豊富な下草は良い餌となって、カモシカやシカが増えることを可能にし、同時に、新たに出現したこれらの造林地で、造林木を食べる被害を引き起こすようになる。そこで、林業側はカモシカを害獣として捕殺することを要求し、それに対して自然保護側は、保護して増えたのに被害があるから捕るというのは認められないとして反対し、両者が対立するようになる。

これがいわゆる「カモシカ食害問題」であり、〝人間かカモシカか〟という表現までされるほど大きな社会問題となった。この状況に対し、単にカモシカを守れと主張するだけでは不十分ではないかという考えが出てきた。保全のための施策を提案しても、結局、国が何もしないために農山村の人々が困るのならば、自分たちが被害をなくせばよいのではないかという考えである。

■——ポリネット防除

この考え方に沿って誕生したのが「カモシカ食害防除学生隊」である。この学生隊は、日本自然保護協会のボランティア組織として、一九七九年に結成され、都会の学生がいくつかの農山村へ行き林業被害防除に取り組んでいった。その方法は、ポリネット防除というもので、ミカンやタマネギなどが入れられているネットと同じようなポリネットを造林木一本一本にかけて防除する。ポリネット防除は、造林木一本当たりの資材費が五円程度で済み、そのかけ方も、ちょっとしたコツを覚えれば誰でも簡単にできる。ただし、ポリネットは造林木の成長期にはかけておけないので、毎年八月にポリネットをかけて翌年五月にははずさなければならず、安くて簡単ではあるが、多大な労働力を必要とする。その作業を、都会の人など野生動物との共存に関心を持っている人を集めて、ボランティアで行なうのである。この「カモシカ食害防除学生隊」の関西支部が、私たちの前身である。一九七九年より滋賀県甲賀《こうか》郡土山町《つちやまちょう》で活動を開始し、一九八六年には、日本自然保護協会から独立し、名称を「かもしかの会関西」と改めて、現在まで活動を続けてきている。

造林木のポリネット防除

土山町では、一九八二年より町の事業として、国と県から補助金を受けて、鉄製の防護柵を設置しており、主な防除方法はポリネットではない。しかし、防護柵は設置費が高い上に資材が重いため、一般の人が簡単に実施できるものではなく、町の事業として実施できるのも補助金があるからだという点は見逃せない。そこで、かもしかの会関西では誰もが実施できる防除方法として、ポリネット防除を続けているのである。

ポリネット防除も、始めたころはやり方がわからなかった。食害があると思われる冬季だけ防除してもなかなか成果が上がらず、調べてみると夏から秋にかけても食害があることがわかったり、他の方法などさまざまなことを試して、一九九五年にようやく方法として確立した。今では、何かの理由で防護柵を設置しなかった造林地や、防護柵が壊れてなかなか防除できない造林地で、頼まれてポリネット防除を実施しており、小さい面積ではあるが実際の防除手段としても活用され始めている。会では、さらによい防除方法を求めて、現在は生分解性の素材を用いた新しい防除方法の試験なども行なっている。

■——新しい野生動物文化を築くために

年間の活動を簡単に説明しよう。主な活動は年に六回行なっている。

体力的にはたいへんだが、山仕事は楽しい．

まず、三月に植栽作業を行なっている。これは、植栽の楽しみと苦しみがわからなければ、食害を受ける人々の気持ちはわからないということで始めたものである。少しでも多様性の高い森づくりを考え、今では、針葉樹だけでなく広葉樹の植栽も行なっている。

四月と一〇月には生息調査をする。山歩きに慣れない参加者の安全などを考えて痕跡調査を行なっているが、安定した結果を得るのが難しく、いまだ試行錯誤の段階にある。

五月上旬には前年にかけたポリネットを外し、八月下旬には再びポリネットをかける。八月は炎天下での作業なので、ポリネットをかけるだけの軽作業といえども体力的には大変である。また、広葉樹植栽地では下刈り作業も行なう。このような大変な作業なので、川で泳いだり魚を捕ったりする川遊びも取り入れて、短い時間であるが、田舎の自然に親しんでもらっている。一一月には土山町で実施している防護柵の設置作業を行なっている。この作業も重い資材を運んで設置するので体力のいる仕事であり、防護柵をつくることの大変さを肌で知ってもらうことを目的としている。

作業の時には、時間があればカモシカの観察に出かけたり、また、夜には地元の方に来ていただいて話を聞いたり、互いの意見を交換したりしている。

これらの活動は、地元の協力があってはじめて可能である。宿泊費を安くするために、活動拠点は土山町の「あいの土山文化ホール」から付属施設を借りている。そこでの自炊しながらの生活は、大変でもあるがまた楽しくもある。さまざまな作業では、甲賀郡森林組合に大変お世話になっており、森林組合なしには私たちの活動は考えられない。

作業の内容を見ると、誰もができる作業ではないように思えるかもしれないが、参加者の体力に合わせて作業してもらっているので、たいていの人なら参加できる。そのため参加者も、高校生から六十歳以上の方まで、老若男女さまざまである。参加募集は、新聞、雑誌、インターネット(ホームページ・http://www.pure.co.jp/~j-serow/)などで公募している。

かもしかの会関西が、被害防除を活動の中心にしているのは、それが野生動物との共存のために必要であるにもかかわらず、多くの人に知られていないためである。林業作業として植林や下草刈りなどは一般の人にも知られているが、被害防除はほとんど知られていない。しかし、被害防除なしに共存は不可能である。誰もが防除を当たり前のことと考え、普通のこととして、多くの人が農山村に防除しに来るようになることを願っている。

一方で、私たちは、被害防除だけで野生動物との共存が達成されるわけではないとも考えている。そのため、被害防除以外にもいろいろな活動を実施しているのである。それらの活動を通して、私たちと自然や野生動物との関係、農山村の暮らしと自然などについて考えながら、より生活に密着した共存のあり方を模索している。そのような共存の姿、すなわち、野生動物が情報や知識の中だけでなく生活の中に存在する、新しい野生動物文化を築くことが大きな目的である。その新しい文化を築くためには、多くの市民が現場に出て、自ら、自然と人間との関係について向き合うことが大切である。私たちは、微力ながらも、その機会を提供し、多くの人とともに目的に向かって進みたいと考えている。

野生動物のリハビリテーター養成のために

加藤千晴・葉山久世（かながわ野生動物サポートネットワーク）

かながわ野生動物サポートネットワークでは、自然環境の保全に貢献できる野生動物救護を実践することをめざして活動しています。

野生動物救護とは、傷ついたり衰弱して、人の手の中に入ってくる野生動物（傷病鳥獣）の世話や治療、リハビリをして自然に戻すことです。また、救護活動を通じてわかった様々な情報を伝えることも大切な活動です。野生動物救護というと、重油の流出事故で油にまみれた水鳥を助けたり、海岸に打ち上げられたクジラを海に帰す、そんなイメージを持っている人も多いかと思います。しかし、私たちが日常的に対象にしているのは、ヒトの身近で暮らしている野生動物がほとんどです。

■——神奈川県の救護の仕組みと概要

神奈川県では、神奈川県自然環境保全センター（旧神奈川県立自然保護センター、以下センター）と、県から委託を受けた横浜市立野毛山・金沢・よこはま動物園で、救護された野生動物の保護収容を行なっています。また、県内の動物病院でもボランティアで受け入れ、治療等を行なっています。各救護施設には保護した市民が自ら搬送することが原則になっています。一九九九年度に、これら救護施設に収容された傷病鳥獣は約二五〇〇点（羽・頭）にも上ります。救護される主なものは、誤認保護（救護する必要がないのに、誤った認識から保護されてしまうこと）された巣立ちビナ、ネコに咬まれた野鳥、交通事故で動けなくなったタヌキ、建物や高圧電線などにぶつかって骨折した野鳥などで、人為的な原因によるものが少なくありません。

■――活動を始めたきっかけ

センターでは一九七八年の開設以来、傷病鳥獣保護事業を行なっており、一九九七年には自然保護センターに保護された傷病鳥獣を県民が自宅で飼養することで傷病鳥獣への理解を深めることを目的に「傷病鳥獣保護ボランティア制度」が創設されました。この制度が、野生動物やその救護に興味と関心を持つ仲間が集まるきっかけとなりました。

最初は、「動物が好きだから」、「ちょっと変わった動物の世話をしてみたいから」など、単純な動機でボランティアを始めた人も多かったように思います。しかし、実際に救護された野生動物の世話をしてみると、ヒナの育て方や細かな救護の方法などわからないことが多く、一人一人が手探り

野生動物や救護の情報を載せたニュースレター

で行なっている給餌や世話の仕方等の技術、知識や情報を互いに共有できないかという思いが生まれました。また、救護された野生動物を運んできた方々から救護時の状況等を伺い、私たちの身近に暮らす野生動物のおかれている現状を知るにつけ、それらのことをより多くの方に伝えたいと考えるようになりました。そのような経緯を経て、センターが募集したボランティアの中から、自主的に活動しようという有志が集まってグループを結成するに至りました。

■――どうやって始めたか

活動をはじめた当初は、会員のほとんどがセンターのボランティアに登録している方だったこともあり、まず身近なテーマで小規模な勉強会を開きました。勉強会は一九九八年一一月から約一年にわたり、ほぼ月に一度のペースで平日の日中に続けられ、野鳥のヒナの育て方や救護対象となる野鳥の生態などを学びました。また、この会は、情報交換の場としても大いに役立ちました。

■――どう活動を広げていったか

一九九九年からは、野生動物救護の現状と私たちの活動をより多くの方に知っていただきたいと考え、「ニュースレター」の発行と、「かながわ野生動物リハビリテーター養成講座」の開催をはじめました。ニュースレターは年四回発行していますが、会員などから寄せられた野生動物の救護記録の紹介、実際に救護する現場で起こったことや行事の報告など、救護に関する情報の伝達・交換・共有化を図ることを目的に編集しています。

野生動物リハビリテーター養成講座
生きた鳥や剝製を使い野生動物の扱い方を実習

「かながわ野生動物リハビリテーター養成講座」はWWFジャパンより助成金をいただいて開催しています。この講座は、野生動物救護のうち市民が担うべき部分を認識し、必要な知識、技術を学ぶことで、各地域で救護活動の核になる人を養成していこうというものです。約二時間の座学形式の講座で、これまでに救護活動の目的とゴール、人獣共通感染症、生態に関する知識、自然のしくみの理解、法律などについて学びました。また、応急処置、捕獲、保定、搬送、飼育技術、死亡個体の活用などは実習を取り入れた講座にしました。年に七回ずつ開催してきましたが、毎回たくさんの方に参加していただいています。

■――どんな点でつまずいたか

ニュースレターの発行と養成講座の開催は私たちの活動をより多くの方に知っていただき、ともに活動していただくために大きな役割を果たしていますが、一方で会員が増加し、一人一人の顔が覚えられないといったことから、会の活動の趣旨が充分に伝わらない、運営にかかる事務が増加し負担が大きくなるなど、マイナス面が生じることにもなりました。

■――今後どう進めていくか

◎愛護とは別の、自然環境保全や生物の多様性の保全に貢献できる救護活動を展開したい

◎救護し、ケアし、リリースすれば終わりというのではなく、その先とそれを取り巻く周囲まで視

会の活動について話し合う

野に入れた救護活動を展開したい

◎救護される以前に、より適切な対応がとれるような人材を育成したい＝地域で活躍できるリハビリテーター

◎県内だけでなく、全体がうまく回っていくように、他の地域の団体との交流や情報の共有化を進めたい

◎市民、行政、NGOなどの役割を明確にするなかで目標とする救護活動を展開したい。そのためのパイプ役&野生動物の「サポート」

私たちは今後の活動を次のような観点から進めていきたいと考えています。

◎自然環境保全や生物の多様性の保全に貢献できる救護活動を展開したい

野生動物の救護は「かわいそうな動物を助けたい」という個人の思いからはじまり、現在でもなお「動物愛護」の側面からのみ語られることがあります。かわいそうと思いやる気持ちは、野生動物救護にも欠かせない動機であることはもちろんですが、これからの野生動物救護は、以後の救護に役立つ情報を記録し、野生復帰のためのリハビリテーションや放野後の生息追跡調査を行なうことを視野に入れ、野生動物の保護や生息する自然環境の保全に反映できるように、成果をフィードバックしていく仕組みを整えることが必要だと私たちは考えています。

◎救護される以前に、より適切な対応がとれるような人材を育成したい＝地域で活躍できるリハビリテーター

これまでの救護活動は、野生動物が人の手の中に入る時点から始まっていましたが、私たちはそれ以前により適切な対応をすることが、さらに重要な「救護活動」であると考えています。適切な対応がなされれば、野生動物が救護されることなく自然のなかで暮らしていくことが可能となるでしょうし、救護する場面でも迅速なケアや治療に結びつき、野生復帰の可能性が高まるでしょう。また、現場に立ち会うことで救護原因の究明や予防策を講じることにも役立つと考えられます。このように各地域で救護活動の核になれる「野生動物リハビリテーター」を育成していきたいと考えています。

◎県内だけでなく、他の地域の団体との交流や情報の共有化を進めたい

全国には私たちと同じように、自然環境の保全に貢献できる野生動物救護を進めているグループがあります。私たちはこれらの団体との交流をさらに深め、情報を共有していくことで、野生動物

飛行訓練を終えたサギをサギのコロニーの近くで放鳥（つくば市にて）

救護全体のレベルアップや共通認識の醸成にも努めていきたいと思います。

◎野生動物救護活動から得られた情報を環境教育に活用したい

今後、機会をとらえて、野生動物救護から得られた情報を幅広く伝えていきたいと思っています。救護に関心のある方ばかりでなく、一般の方や子どもたちにも、人の何気ない生活が野生動物にどのように影響しているのか、野生動物を取り巻く状況を知ってもらえるように、スライドなどを利用したプログラムを作りたいと思っています。

◎市民、NGO、行政などの役割を明確にするなかで目標とする救護活動を展開したい

野生動物救護は、好きだから、できるからと勝手にやればよいのではなく、野生動物救護活動は

自然保護の一部分であること、その中で自分はどのパートを担えるのかを認識した上で参加することが大切だと思います。それぞれが得意なパートを分担しあうことで、自然環境の保全、生物多様性の保全に貢献できたらすばらしいことです。

市民の活動を運営する側の私たちは、野生動物救護の意義が多くの人に認められ、社会的認知を得られるように目的を見据えてじっくり活動を展開させていきたいと思います。

これからも野生動物救護に関心を持つ市民、NGO、行政などがそれぞれの役割を果たしつつ、互いを尊重しかつ補完しあいながら、全体がうまく機能していかれるよう、かながわ野生動物サポートネットワークは、パイプの一つとして、野生動物に関心を持つ市民や関係する方々と共に野生動物たちをサポートしていくことを大きな目標にしたいと思います。

クビワコウモリの保護から　――誤解や偏見をなくし、もっと知ってもらいたい

山本輝正（岐阜県立八百津高等学校・コウモリの会・クビワコウモリを守る会）

コウモリと言うと、「吸血鬼ドラキュラ」に代表されるように血を吸う動物であるとか、「イソップ物語」のようにずる賢いイメージなどからの誤解や偏見により、嫌われた存在であるといえます。一方、日本に棲息するコウモリ三六種（絶滅種二種を含む）のうち、環境庁のレッドデータブックの対象になっていないのは五種だけです。しかし、このような状況でもコウモリの保護策は何もされていないのが現状です。このような中でコウモリの保護活動を進めるのは、決してたやすいことではありません。

これまで進めてきましたクビワコウモリの保護活動は、当初からこうすれば良いと進んできたものではなく、その時々に応じてできることを行ない、いろいろな方々の協力を得つつ進めて来たものです。以下はその報告です。

なお、これまでのクビワコウモリの調査と保護活動については、一九九三年～九五年の三年間にはＷＷＦジャパンの補助金を、一九九四年には文部省の平成六年度科学研究費補助金を、一九九六年～九八年にはアムウェイ・ネイチャーセンター第七回環境基金助成金を、一九九九年～二〇〇〇

クビワコウモリ

年には「公益信託増進会自然環境保全研究活動助成基金の平成一一年度研究助成」を用いて行ないました。また、本稿の作成は、日本自然保護協会「二〇〇〇年度のPRO NATURAファンド」の助成金の一部を用いました。

■――クビワコウモリの十年ぶりの生息確認

長野県南安曇《あづみ》郡安曇村の村誌編纂に関る調査で、一九八九年に奈良教育大学の前田喜四雄教授により乗鞍高原のA宿泊施設でクビワコウモリの棲息が確認されました。実に、十年ぶりの生息確認でした。またそれまでに一〇頭ほどしか確認されていなかった(＊1、2、6)のに、ここ乗鞍高原の集団は繁殖集団であることも同時に確認されました。その後、私が調査を勧められ、翌一九九〇年より生態調査を開始しました。二〇〇〇年までの一一年間の調査で、徐々にその生態がわかり始めています(＊3)。

■——クビワコウモリの保護活動（1）

調査開始二年目に、保護活動についてもやらざるを得ない事態が起きました。つまり一九九一年に、それまでクビワコウモリが昼間のねぐらとしていたA宿泊施設の改修工事の話が持ち上がったのです。翌一九九二年より改修工事が始まるとのことで、早速その年の内に、前田喜四雄先生と私で長野県と安曇村へクビワコウモリ保護の要望書を提出しました。これにより地元の安曇村（教育委員会が中心となり）が保護のために動き出しました。まず始めに、そのA宿泊施設と保護についての折衝でした。その結果、改修の際にA宿泊施設の壁板の一部を頂き、それでコウモリ用の大きめの巣箱（縦1m×横2mを二個）を作成して、改修後のA宿泊施設の壁面と森林内の塔上（約四メートル）の二カ所に設置することとなりました。しかし、クビワコウモリによるこの巣箱の利用は確認できませんでした。翌一九九三年には、この巣箱をクビワコウモリのナイトルースト（夜間の休息場所・乗鞍高原内の建物のひさしの下）へ設置して、巣箱への誘引を図りました。しかし、この誘引も失敗でした。なお、改修工事は、一九九二年から一九九五年ごろまで毎年断続的に行なわれました。

一九九二年は、クビワコウモリが繁殖のために集まる六月上旬までには、改修工事が完了してい

ナイトルーストで休むクビワコウモリ

ました。しかし、それまでの出入口が無くなったことで、繁殖のためにクビワコウモリが乗鞍高原に来てくれるのか大変不安でした。実際、例年ならすでに来ている時期になっても、改修工事が行なわれたA宿泊施設にはクビワコウモリは来ていませんでした。付近を調べましたら、近くの別のB宿泊施設を昼間のねぐらに利用して集まっているのが確認されました。その後、元のA宿泊施設も利用するようになったことが確認され、この年よりクビワコウモリの昼間のねぐら場所が二箇所となりました。

■——クビワコウモリの保護活動（2）

この一九九二年の改修工事以降、今までなかったようなことが起こってきました。それまで、子どもは昼間のねぐらで育てられていました。ところがこの年より、①夜間親が子どもをナイトルーストまで連れて来て、②そのままその場所に残してしまい、③昼間に子どものみがナイトルーストにいる個体が見られるようになりました。さらに、④落ちて死亡したのか、ナイトルーストの下に複数の子どもの死体が確認されるようになりました。

このようにかなり危機的とも思える状況の中で、環境庁中部地区国立公園・野生生物事務所（当時）の方よりＷＷＦジャパンの助成金について紹介されました。結果として一九九三年から九五年の三年間、助成をしていただくことができました。このため、テレメトリー調査やねぐらの環境調査など、各種の機器を必要とする調査が実施できました。さらに、一九九三年からコウモリの会の方々の協力を、一九九四年からは松本ナチュラリストクラブおよび信州大学自然科学研究会の方々の協力も得られることとなり大掛かりな調査が進められるようになりました。例えば、夕方に二箇所（後には三箇所）に分かれた昼間のねぐらからのコウモリ出巣の様子を同時に調査することも可能となったのです。

■――クビワコウモリの保護活動（3）

生態調査が徐々に進む中、「保護については、地元の人たちにクビワコウモリについてもっと知ってもらうことから始めなければいけない」との考えから、一九九四年より実際にコウモリを見てもらう「コウモリ観察会」（＊5）を実施することにしました。これは地元の長野県乗鞍自然保護センターの館長さんを始めとした方々の協力で実施できました。また翌一九九五年には、日本で初めてのコウモリに興味のある人々の集う集会「コウモリフェスティバルin乗鞍高原」が多くの方々の協力の下に開催できました。一週間の展示期間で千名以上の人に来てもらうことができました。また同年、地元安曇村の村長を顧問として「クビワコウモリを守る会」を設立しました。翌一九九六年に実施した「コウモリフォーラムin乗鞍高原」の開催は、地元安曇村（観光商工課を中心に）の協力の下に開催することができました。

また、一九九五年にはアムウエイ・ネイチャーセンターの助成金を受けられることとなり、翌年一〇月にクビワコウモリ用繁殖施設として「乗鞍高原バットハウス」を乗鞍高原内に建設しました。このバットハウスのための建設地の確保や許可申請等には、環境庁中部地区国立公園・野生生物事務所（当時）および長野県松本地方事務所・安曇村役場（教育委員会を中心に）の方々の多大なるご支援とご理解のおかげで進めることができました。そのかいがあって、翌一九九七年七月には、このバットハウスを数頭のコウモリが利用していることが確認されました。そして、今まで利用個体は少ないものの、毎年コウモリの利用が確認されています。これにより現在までクビワコウモリの繁殖群の大多数は、別のいくつかの宿泊施設をねぐらとして利用していますが、それらの場所に

「乗鞍高原バットハウス」完成式（1996年10月27日，右端が筆者）

何らかの異変が起きても緊急用の移動場所としてのバットハウスがあることで、かなり安心できる状況になってきたのではないかと考えています。（＊4）

■――今後の保護活動

今後も地元乗鞍高原で「コウモリ観察会」を実施することで、地元の方を含めた一般の方々にコウモリの実際の姿を見てもらいながら、誤解を解いて真実の姿を理解してもらえるように進めて行きたいと考えています。

さらに、日本全国でコウモリが減少している現状から、一般の人たちにコウモリの置かれている危機的状況への関心と理解をしてもらい、コウモリの保護活動への参加者や協力者を増やして行きたいと考えています。

参考文献

1）前田喜四雄（1984）日本産翼手類の採集記録（I）．哺乳類科学、49、55―78．

2）前田喜四雄・山本輝正（1998）第8編 第1章 第5節 コウモリ類．安曇村誌 第1巻 自然、521―530．

3）山本輝正・橋本肇・植木康徳（1998）乗鞍高原のコウモリ．岐阜県高等学校教育研究会 生物教育研究部会雑誌、42、12―18．

4）山本輝正（2000a）クビワコウモリの生態調査と保護．WWF全国セミナー講演集 21世紀への自然保護作戦会議Ⅷ 内陸湿地と自然保護、25―28．

5）山本輝正（2000b）コウモリ観察会の実施について．野生生物保護学会2000年大会プログラム・講演要旨集．

6）Yosiyuki, M. (1989). A Systematic Study of the Japanese Chiroptera, National Science Museum,Tokyo, pp.242.

第6節　自然に関心を持つ人を増やしたい！

署名をきっかけにたくさんの仲間が集まった

佐野郷美（市川緑の市民フォーラム）

■――署名運動というと堅い感じがするけれど

私たちは「市川緑の市民フォーラム」といいます。私たちが住む市川市は、東京のすぐ隣りなので、一九六〇年代以降、首都圏のベッドタウンとして急速に住宅開発が進み、雑木林、湧水、小川、池、水田などの、いわゆる里山の自然がほとんど失われてしまいました。そんな市川市の自然を守り、街のあちこちに見られる歴史的文化的な遺産も生かしたまちづくりを進めてもらいたくて、一九八九年に細々と活動を始めました。ところが一九九一年に、市川市にとってもっとも大切な緑地の一つである真間山《ままさん》斜面林が、マンション建設で失われそうになり、メンバー一五名ほどで相談して、署名運動を始めることにしました。署名用紙を作るのも初めて、駅頭で署名をするのに警察や駅長に断らなければならないのかどうかもわからない状態でしたが、「何とかあの緑地を守りたい」との思いからいろいろな問題をクリアーし、署名はいつの間にか市内に広く展開されていきました。運動を始めて三カ月、この署名は最終的に約四万筆となり、市川市長はこの市民の声に応えて、真間山斜面林を保全したのです。

「署名運動」というと、何か堅い感じもしますし、「署名集め」と聞くと、気が重くなる方も多いでしょう。しかし、この署名運動で私たちはたくさんのことに気づきました。その一つは、「署名」という方法が、何と言ってももっとも気軽に自分の意思を示せる大切な方法だということです。自然が日に日に少なくなっていることが心配でも、それを手紙に書いて市役所に送ったり、具体的な行動に移す人は少ないものです。でも、このような署名があると、その気持ちを簡単に示すことができるのです。中には、内容も見ずに「署名」を断る人がいますが、それは気にしないことにしましょう。

二番目に気づいたことは、署名をきっかけに、たくさんの方たちと心を通じさせることができて、一五名ほどで始めた署名運動が、いつの間にかたくさんの方々に支えられていたことです。その中にはその後私たちの会の重要なスタッフになってくれた方もいます。

駅頭で署名をしていた時のことです。駅前ロータリーの遠くから、部活帰りの中学生たちがずっとこちらを見ていました。そのうち一人が照れくさそうに私たちに近づいてきたので、こちらから声をかけました。「身近な緑を守るための署名なんだけど、もし良かったら協力してくれる?」その中学生は「署名したいと思ってずっと見てたんですが、中学生でもいいんですか?」と聞き返してきました。「子どもはダメって考える人もいるけど、子どもだって自分の意思をはっきりと示していいことだと思うよ」と言ったら、ほかの子も集まってきて、皆署名をしてくれました。中には署名用紙を持ち帰り、親から署名をとってくれた子どももいました。また、私たちは自然保護を目的とした市民ですが、短歌や俳句を楽しむサークルや歴史を学ぶ勉強会に出向いて、趣旨を十分に説明したら、その後、一生懸命署名集めに協力してくれました。「皆さんの緑を守ろうとする活動も、私たちが行なっている活動も同じ『文化活動』だと思うんです。だから協力は当たり前ですよ」と言ってくれたことが、私たちのその後の活動の大きな励みにもなりました。

第三に気づいたことは、一度開発計画が市や業者から提示された後で、その計画に反対し撤回させていくことが、いかに大変であるかがよくわかったということです。確かにこの時の取り組みによって、最終的に保全することはできましたが、私たちの要望すべてがかなったわけではありませんし、あれだけの努力を重ねたのにそれが生かされなかった場合には、会そのものにも大きなダメージが残ります。ですから、署名を行なう場合には、それなりの覚悟がいると考えて良いでしょう。でも、何か具体的な行動に出ると、思っても見なかった収穫があるというのも事実です。

この活動の後、私たち「市川緑の市民フォーラム」は、正式に会員制でスタートしたのですが、この署名のおかげでしょうか、すぐに一五〇名の方々に会員になっていただけたのです。自然に関心をもっている人は「私たちだけ」と思っているなら、それは誤りです。まわりには意外にたくさんの「自然に関心を持つ人」がいるのです。私たちは署名がきっかけでしたが、勉強会を主催して呼びかけるとか、ホームページで訴えるとか、皆さんに合った方法を考えれば良いのではないでしょうか。その参考に、もう一つ私たちの取り組みを紹介しましょう。

■――汗水たらして仲間作り、辛くもあり楽しくもあり

その後、私たちは他の会と協力して、里山の自然が失われた市川市に、かつての湧水、小川、池、水田といった美しい水辺を復元したいと考え、洪水調節のために作られることになった「北方《ほっけ》遊水池（大柏川調節池）」に内陸低湿地の自然復元を求めて一九九二年から活動しました。そして、数年後、市川緑の市民フォーラムのほか五団体と千葉県、市川市との間で、全面を自然系で整備するという合意を得ることができました（このためにも様々な活動をしましたが、ここでは省略します）。その時に、私たちは買収が進む用地の一部を借りて、市川市にふさわしい自然復元のノウハウを自分たちで確かめるために「自然復元実験池」というものを作り始めたのです。県は「池作りは大変ですよ。ユンボ（大型重機の通称）で掘ってあげますよ」と言ってくれたのですが、私たちはそれ

A

空間イメージ1　棚池の風景（前方に突堤を望む）

B

空間イメージ2　木立に囲まれた駐車場

C

空間イメージ3　見晴らし台からの眺め（右奥は小広場とビジターセンター）

1999年 9月に千葉県および市川市に提出した北方遊水池の整備に関する市民案（原図：広瀬俊介）に示した景観イメージ図．

A　北方遊水池に復元すべき自然は，市川市の内陸低湿地の自然である．

B　ここを訪れる人々のために駐車場を設けるが，樹林の中に必要最小限度のスペースを確保する．舗装はもちろん浸透舗装．

C　ビジターセンターを設け，必要な情報の提供と稲作体験ができるようスタッフを配置したい．

北方遊水池

を断って、毎週土曜日を作業日として、シャベルとバケツを使って手作業で池作りを進めました。最初は大変でした。足腰の疲れはもちろんのこと、夏になれば暑さに音をあげました。しかし、毎週集まっては汗にまみれ泥にまみれている私たちの姿を、近隣の方々はずっと見ていたのです。次第に、犬を散歩させながら様子を見に来る人と仲良くなったり、通りがけに差し入れを持ってきてくれる人も現れました。

一方、水辺が徐々に形になり始めると、めざとく生き物たちが入ってきます。シャベルで泥を掘り上げているすぐ脇で、ギンヤンマが産卵したり、私たちが植えたヤナギの木にチョウゲンボウが止まってくれたり、それはそれはすばらしい光景で、生き物たちまで私たちの仲間になってくれたかのような気さえしたものです。実験池の脇には「池

環境教育プログラム「緑の寺子屋」でのひとこま．
北方ミニ自然園の水と土と生き物にふれ，子どもたちは大はしゃぎ．

掘りボランティア募集」の看板を出しました。すると、「老後をどうしようかといろいろ考えていたのだけど、この看板を見て『老後の楽しみはこれだ！』と思いました」と言って私たちの活動に入ってくれた方もいるのです。ある時、ボランティア雑誌に私たちの活動が紹介されたときがあって、何とその雑誌を見て、岐阜県から夜行列車で池掘りに来てくれた青年もいるのです。その後、彼は結婚。しばらく会ってはいませんが、年賀状のやりとりは続いています。

このような方々をメンバーにして、新たに「緑のみずがき隊」というボランティア組織をスタートさせ、その会で実験池（現在は「北方ミニ自然園」と呼んでいます）の維持・管理と、この場所をフィールドに実施している環境教育プログラム「緑の寺子屋」の企画運営を行なってもらっています。この「緑の寺子屋」は月に一度、小学生とその親を対象にして、子どもたちには身近な自然と生き物に触れ合う機会を提供しつつ、親たちには身近な自然を守り育てることの大切さを理解してもらうことを目的としたものです。最近では、この「緑の寺子屋」にも、地域の農家の方々がスタッフとして加わってくれたり、近隣の小学校の先生方が興味を示しており、仲間作りの大切な場となってきています。

この「緑の寺子屋」を実施するようになって、このプログラムに参加した子どもの中から、私たちの活動に積極的に加わり、いつの間にか重要なスタッフになった子どもたちがいました。しかし、その子どもたちは中学校に入学すると、部活動や学習塾で忙しくなり離れていきました。その時は残念でしかたがありませんでした。しかし、離れていったのは「緑のみずがき隊」の活動が、彼らにとって部活動や塾よりも魅力のないものだったからだとは、今は考えていません。現在の子どもたちのおかれている状況がそうさせるのだと考えています。ですから、彼らの一部は必ずいつか戻ってきてくれると信じています。その時には、あらためて重要なスタッフとして迎えてあげるつもりです。

どこでも誰でも、クリーンアップなら簡単！

小島あずさ（ＪＥＡＮ／クリーンアップ全国事務局）

私たちは一九九〇年から、「世界で一斉にクリーンアップ」をして「散乱ゴミのデータを集め」、「結果をもとに根本的改善策をたてる」という活動をしています。もともとアメリカの団体が呼びかけて始まった国際行動で、その背景にはプラスチックゴミが増加して自然界に溜まり続けていること、そういった「腐らない」ゴミが野生動物に絡まったり、誤食の被害を与えていることがあります。

日本ではクリーンアップといえば、古くからあちこちで行なわれている住民一斉清掃の印象が強いですし、拾ってきれいにすることそのものを目的とした活動も盛んです。数万人規模の清掃活動がたくさん行なわれているにもかかわらず、散乱ゴミはなくなりません。そのうえ石油製品が生活に浸透し、使い捨てにされるものが増え、あふれ出たゴミが、街中はおろか遠く離れた海までも汚す時代になってしまいました。何気なくポイ捨てされたゴミが、川から海まで流れていき、動物たちを傷つけたり、外国のビーチを汚してしまうことさえあるのです。

ゴミを拾いながらデータを集める

■――どこでも誰でもできる

日本でこの活動を始めたメンバーは、市民運動や環境保護活動の経験などほとんど無に等しい三人でした。見よう見まねの手探りのスタートでした。にもかかわらず、最初から八〇カ所でボランティアの手があがり、今では毎回一万人が全国各地の海岸や河原などでクリーンアップをし、面倒なゴミ調査にも参加してくださっています。その理由の一つは、日本人にとってクリーンアップが馴染みの深いものであったこと、すでに清掃活動をしている人がたくさんいて、下地があったということなのかもしれません。

木を植えたり、生きものを保護するなどの活動ならば、芽が出たとか、雛がかえったというような喜びがあることでしょう。でも直接の対象がゴミとなると、拾ったあとがきれいになる爽快感や、たくさんのゴミを集めた達成感は味わえますが、すべてのゴミを拾えるわけではないし、一週間もすればまたごみだらけになってしまいます。そんなきりのない活動に、たくさんの人が続けて参加してくれるのは一体なぜなのでしょう?

私の場合は、海が好きとか、動物たちがゴミの被害にあっていることを知ってなんとかしたいと思ったとか、ゴミのないほうが気持ちがよいなどの理由を挙げることが出来ます。参加者に聞いてみると、マリンスポーツを楽しんでいるのでそのフィールドをきれいにしたい、海で仕事をしているから、子どもたちにきれいな環境を残したいなど、様々な答えが返ってきます。

つまり、多様な人たちが、いろいろな動機でクリーンアップという同じ活動に参加しているわけです。さらに継続の理由を探ってみると、家族で参加できる、年に一、二回なら無理がない、わかりやすい、場所を選ばないなどのクリーンアップの長所が分かってきました。

■――データを集め、それをもとに改善をめざす

ここまでは昔から行なわれている清掃活動と同じですが、私たちの活動ではゴミを拾いながら材質別・品目別に個数を数えてゴミのデータを集めてもらいます。手間のかかる作業ですが、数えているうちにその場所にはどんなゴミが多いのか、それはどこから来たのか(誰が捨てたのか)など

を自然に考えてしまうようです。実際に、どうしてこんなものが海岸に落ちているのか首をかしげてしまうようなものも多いので、ビーチコーミング的な面白がり方をしながら、自ずとゴミの由来や原因に思いを馳せることになるのかもしれません。

全国から寄せられたデータと意見や感想は、毎年レポートにまとめて各地のキャプテン（クリーンアップ会場のリーダー）にフィードバックします。そうすることで、活動が一方通行にならないように、また結果を全員で共有してから次のステップに進むことを大切にしています。

自分の会場と他のところや全国平均と比べることで、地域特性が見出せる場合もありますし、過去のデータと比較してゴミの変化（言い換えれば活動の成果）が分かることもあります。

世界一斉ゴミ調査キャンペーン　　B面もあります。忘れずに記入してください。

2000年国際ビーチクリーンアップ・データカード　A面

▼プラスチック・ビニール	合計↓
破片	
タバコのフィルター	
ビニールシート	
ビニールシートや袋の破片	
袋：	
食品用・包装用	
ゴミ袋	
スーパー・コンビニの袋	
お菓子の袋	
その他の袋	
ふた・キャップ	
レジンペレット	
カキ養殖用パイプ	
荷づくり用ストラップバンド	
プラボトル：	
ソフトドリンク	
漂白剤・クリーナー	
水・牛乳類	
食用油・潤滑油	
食品用（マヨネーズ）	
その他	
ストロー	
弁当・しょうゆ入れ他	
使い捨てライター	
カップ・食器	
釣りのルアー・うきなど	
ひも・ロープ	
おもちゃ	
釣り糸	
生活雑貨（洗濯ばさみ・ホースなど）	
かご・バスケット	
文房具	
漁網	
苗木ポット	
注射器・注射針	
紙おむつ	
野菜やミカンをいれるネット	
6パックリング（6本の缶をまとめる輪）	
網につける光る棒(ケミホタル)(light stics)	
タンポンのアプリケーター	
"wire protection"rings	
業務用ヘルメット(hard hat)	
業務用塩袋	
pipe thread protector	
スポンジ	
その他具体的に	

▼発泡スチロール	合計↓
破片	
食品トレイ	
弁当・ラーメン容器など	
カップ	
梱包資材	
ハンバーガーなどの容器	
皿	
発泡スチロールのトロ箱	
発泡スチロールのたまご容器	
ブイ	
その他具体的に	
▼金属	
金属片	
缶：	
スプレー缶	
飲料缶	
食品缶	
その他の缶	
びんなどのふた	
釘・鉄板・鉄筋など	
プルタブ	
針金	
乾電池・ボタン電池	
釣り道具	
ワイヤーロープ	
廃棄物入りドラム缶（新しいもの）	
廃棄物入りドラム缶（さびたもの）	
その他具体的に	
▼紙	
紙片	
タバコのパッケージ	
飲料用紙パック	
紙袋	
紙コップ	
新聞・雑誌	
ダンボール	
ボール紙	
紙皿	
その他具体的に	
▼ガラス・陶器	
破片	
びん：	
飲料用	
食品用	
その他のびん	
タイル・れんが・ブロックなど	
食器	
電球	
蛍光灯	
その他具体的に	

ゴミという「モノ」に、参加者の声を反映することでぬくもりを与えるといいましょうか、みんなの智恵や工夫で改善できる可能性を伝えたいと考えています。

毎回全国の二〇〇〜二五〇カ所で同時期に行ないますが、各地の主催者（主催グループ）はいろいろな方々です。干潟の保護団体、ゴミやリサイクルの勉強会仲間、青年会議所などの地域団体、企業の有志、船のキャプテンたち、サーファーなどなど。日頃はそれぞれの活動をされている方たちが、年に二回は時期を合わせて活動し、結果を知らせてくださっています。定期的に発行している通信には、それらの日常の活動を紹介したり、緊急の問題が起きたときは、全国に協力を呼びかけたりもしています。

■——世界とつながる

まとめてみますと、活動の特徴は「国際行動」「データを集めそれをもとに改善をめざす」「どこでも誰でもできる」の三つです。身近な場所（たとえば家や学校の周り）で始められるのは、わざわざどこかへ出かけて行くよりも簡単です。そして、幸か不幸かゴミはたいていどこにでも落ちていますし、クリーンアップに必要な用具も家庭にあるものが利用できます。

自宅に近い場所なら、集めたゴミを持ち帰ることもできますし、家族や友人同士でするなら広報の必要もありません。どうせやるなら、と一般に呼びかけるくらいやる気があれば、事前に役所と連絡をとってゴミ回収を要請したり、公民館などにポスターを貼ったり、雨天対策の連絡網を作ったりと、規模に応じた事前の準備が必要になります。でも、大人数になるならスタッフを募るとか、職場に協力を持ち掛けるなど、状況に応じた工夫が生まれてきます。

全国ネットといっても、その中で顔を合わせることができるのは限られた人だけ。ですが、行ったことのない町や遠いところにも、意志を同じくした仲間がいて、同じやり方で一つの協働作業をしているんだという参加意識は、継続のための大きな力になっているようです。

国際的には、毎年一回「国際コーディネーター会議」がアメリカで開催されています。残念ながら参加費用の補助などがないので、毎回参加するのは経済的に厳しい状況なのですが、今はパソコンで簡単にやり取りができる世の中、日ごろの意思疎通にはコンピューターが欠かせない存在となっています。アメリカからは、日本のキャプテンたちに感謝状が届いたり、以前は大統領名で世界中の参加者に感謝をのべるレターが添えられていたこともありました。こういった、参加者のやる気を上手に引き出すやり方は、日本でも大いに見習いたいところですね。

アメリカでは、この年一回のボランティアによるゴミ調査をさらに拡充して、全米の一八〇カ所で毎月行なう調査をなんと五年計画で実行中です。これにはＥＰＡ（アメリカ環境保護局）が予算をつけているそうですが、実際に調査にあたるのはすべてボランティアとのこと。調査項目は少ないのですが、年に一回でも大変なのに、毎月欠かさず参加するなんて！　その意欲をどうやって持続させているのか、ぜひ直接尋ねてみたいものです。

日本から流れ出したゴミはハワイの沖やアメリカ西海岸へ。日本海側の海岸には韓国や台湾からのゴミが。海でつながっていることをゴミによって実感するのはさみしい限りですが、日本でのクリーンアップがまだ見ぬ浜辺を守ることにもつながると信じて、活動を続けています。

市民参加による環境調査が自然保護運動の武器となる　――タンポポ調査

木村　進（社団法人大阪自然環境保全協会タンポポ調査委員会）

■――タンポポ調査とはなにか？

今では自然保護に取り組む人たちの間では、「タンポポ調査」といえば、「帰化種のタンポポと在来種のタンポポの分布調査」をさすことがすぐにわかってもらえるようになった。それほどまでに認知されてきた調査であるが、大阪で私たちが最初に取り組んだ一九七四年当時は、タンポポに種類があることを知る人は少なかった。この調査が現在のように広く取り組まれるようになったのは、特別な器具や予算がなくても、多くの市民がだれでも簡単に参加し、その活動を通して身近な地域の環境の現状を知ることができるためであろう。さらに、調査結果を一枚の地図にまとめると、地域の環境を視覚的にわかりやすく表せることも魅力的である。大阪のように四半世紀にわたって継続すれば、自然環境の変遷を知る貴重な資料となるばかりか、自然保護運動の大きな武器ともなりうるのである。

■──なぜ、タンポポを調査するのか？

自然を人為的に改変すると、外国原産の帰化植物が増加することは以前から指摘されており、ある地域の全植物の種類数に占める帰化植物の比率（帰化率）が自然環境の指標になることが知られている。ただ、その地域に生育するすべての植物の名前がわかる専門家でないと、帰化率を求めることはできない。その点、だれでも知っているタンポポの種類を見分けるだけでよいタンポポ調査は、市民参加の環境調査として優れているといえよう。すべての日本原産のタンポポは黄色の花弁を包む緑色の総苞（そうほう）の外片が上向きであり、総苞外片がそりかえって下向きになる帰化種とは簡単に区別できる。このように、花さえあれば小学生でも十分調査に参加でき、その上、植物自体を傷つけなくても調査ができるのである。

初めてのタンポポ調査は、一九七三年に仙台市と高槻市で行なわれ、自然破壊の進行を知るために有効であることが示された。そのころ、大阪の自然保護団体が結集した「自然を返せ！関西市民連合」では、大阪の自然の現状を知るために地図を片手に府内を歩き回って、綿密な自然破壊地図を作成しているところであった。この調査では航空写真などでは同じ緑としてとらえられる場所でも、自然としての質の高さには差があることが明らかになった。そこで、タンポポを指標として自然の質の高さを把握できないかということで、一九七四年から「タンポポ調査」に取り組むこととなった。

■――どのように調査に取り組んだか?

調査に取り組んだ当初は、タンポポの見分け方を知る人も少なく、見つけたタンポポの花を摘んで封筒に入れ、発見した場所の住所を書いて郵送していただき、調査委員会のメンバーが名前を調べて地図に記入するという方法で調査を行なった。調査に参加した方々からは、タンポポを探しながら自宅周辺を歩き回ることで、身近な環境を見直すよい機会になったという声が多く寄せられ、その後も継続して調査をしようということになった。

一九七六年に大阪自然環境保全協会が設立されて以後は、一九八〇、八五、九〇、九五、二〇〇〇年と五年ごとにタンポポ調査が行なわれて、大阪では恒例の行事としてすっかり定着している。最近では、タンポポの見分け方を知る人も増え、配布した地図を持って歩き回り、タンポポを発見した地点を地図にプロットしてもらって、それを回収するという方法で調査結果が集約できるようになった。

調査を行なう年には、中心になって調査を企画・運営するタンポポ調査委員会を組織し、広く参加者を募集する。保全協会の会員はもちろんのこと、府内各地で自然保護運動に取り組む市民団体や自然観察会を行なっている団体、また、理科や総合的な学習の時間で環境教育を実施している小中学校・高校の先生方、さらに自治体の社会教育施設やボーイスカウト・ガールスカウト等々、非常に幅広い方々から毎回協力をいただいている。調査方法や見分け方などをていねいに示したパンフレットを作成して配布したり、団体の代表者・学校の先生方を集めた説明会を行なうとともに、府内各地で実際にタンポポを探しながら地域の自然を観察する「タンポポウォーキング」を開催して普及に努めている。この時、いっしょに調査をしながら参加者に調査の楽しさと方法を理解していただき、さらに自宅周辺や分担した地域でタンポポ調査を進めてもらうことになる。

そして、各地域や学校で行なった調査の結果を一つの地図に書き込んで調査委員会へ送ってもらい、私たちの手でデータ処理を行なうのである。このような方法で大阪府のタンポポマップを作成している。

■──タンポポ調査一九七五〜二〇〇〇の結果の概要（タンポポマップの作成）

私たちの調査で報告があったタンポポの発見地点数と、全地点に占める帰化種のタンポポの比率の変化をまとめてみると、表1のようになる。当初は二千点前後であったが、一九九〇年より学校団体の参加が急増し、今回は三万点近くのデータが集まった。また、帰化種の比率は、一九七五年の三六%から次第に増加して、二〇〇〇年には六三%に達した。この主な原因は、在来種のカンサイタンポポの主要な生育地である農地が住宅地に改変され、そこへ帰化種が侵入した結果によるものであると考えられる。

タンポポの分布状態を視覚的にわかりやすく表現するために、大阪府を国土地理院発行の五万分の一地形図を一〇〇等分したメッシュ(面積は約四平方キロメートル)で区切り、メッシュごとに帰化種の比率を計算して、二〇%刻みで表した地図(タンポポマップ)を作成している。図1は一九八〇年・一九九〇年・二〇〇〇年の三回の結果を比較したものであるが、一九八〇年当時は大阪市内だけに限られていた帰化種の比率が六〇%以上を占めるメッシュが、開発に伴う自然破壊の進行につれて、急ピッチで郊外へと拡大していく様子がよくわかる。また、これまでの五回の結果からメッシュごとの帰化率の変化をまとめたものが、図2である。

表1

調査年度	調査地点数	帰化種比率
1975年	2186点	36.2%
1980	1823	50.0
1985	2160	45.5
1990	7270	56.9
1995	11761	59.2
2000	29628	63.1

これを見ると、帰化率が八〇%以上のメッシュの比率はあまり変わっていないが、一九八〇年には全体の三八%を占めていた帰化率が〇~二〇%の(カンサイタンポポが八〇%以上を占める)メッシュが激減し、二〇〇〇年には調査した全四五五メッシュ中二九メッシュと、約六・四%(全体の一六分の一)となってしまった。それに対して、帰化率が四〇%以上のメッシュの割合を比較すると、一九八〇年には四八・九%と約半分だったのが、一九九五年は七四・七%にまで増加し、府

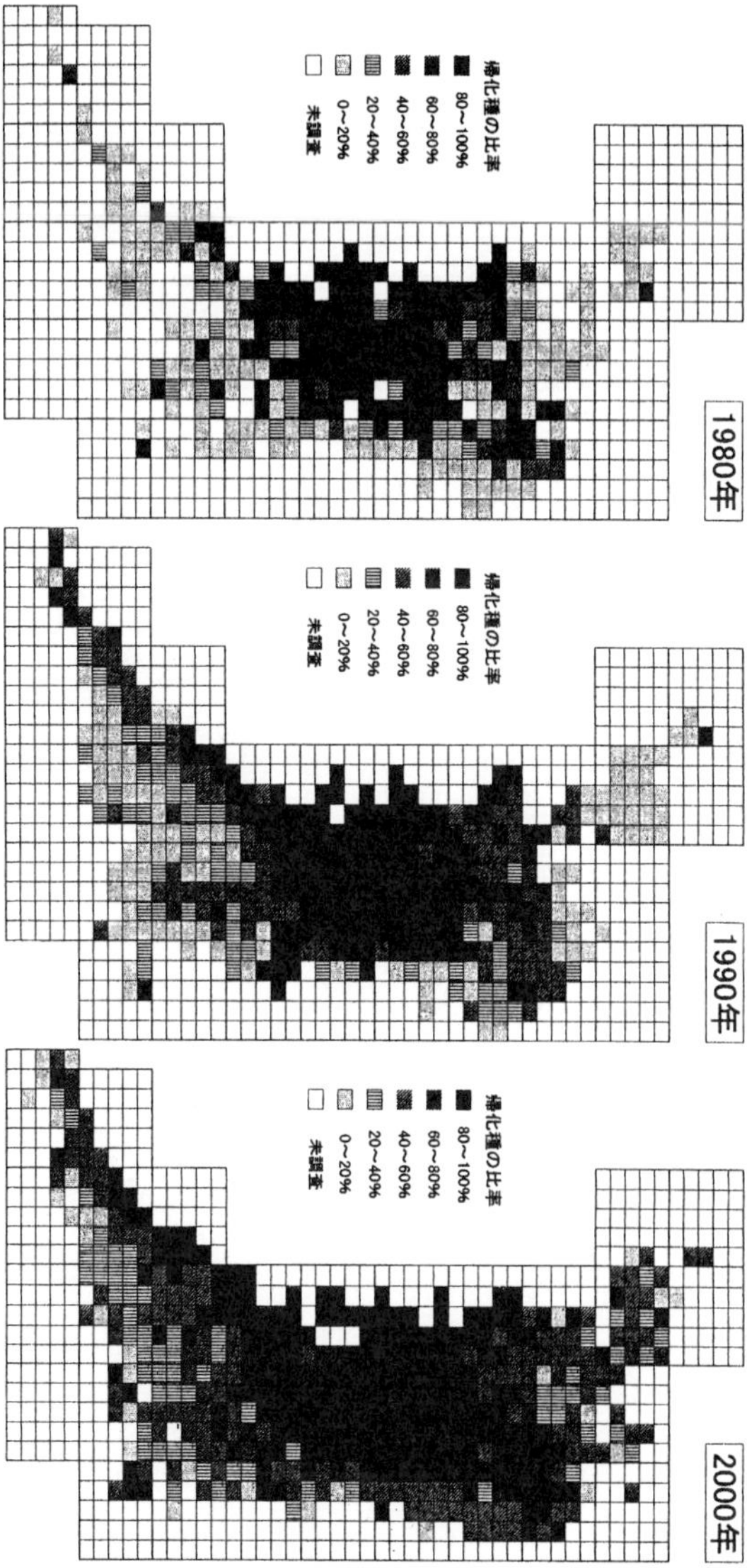

図1　タンポポマップの変遷

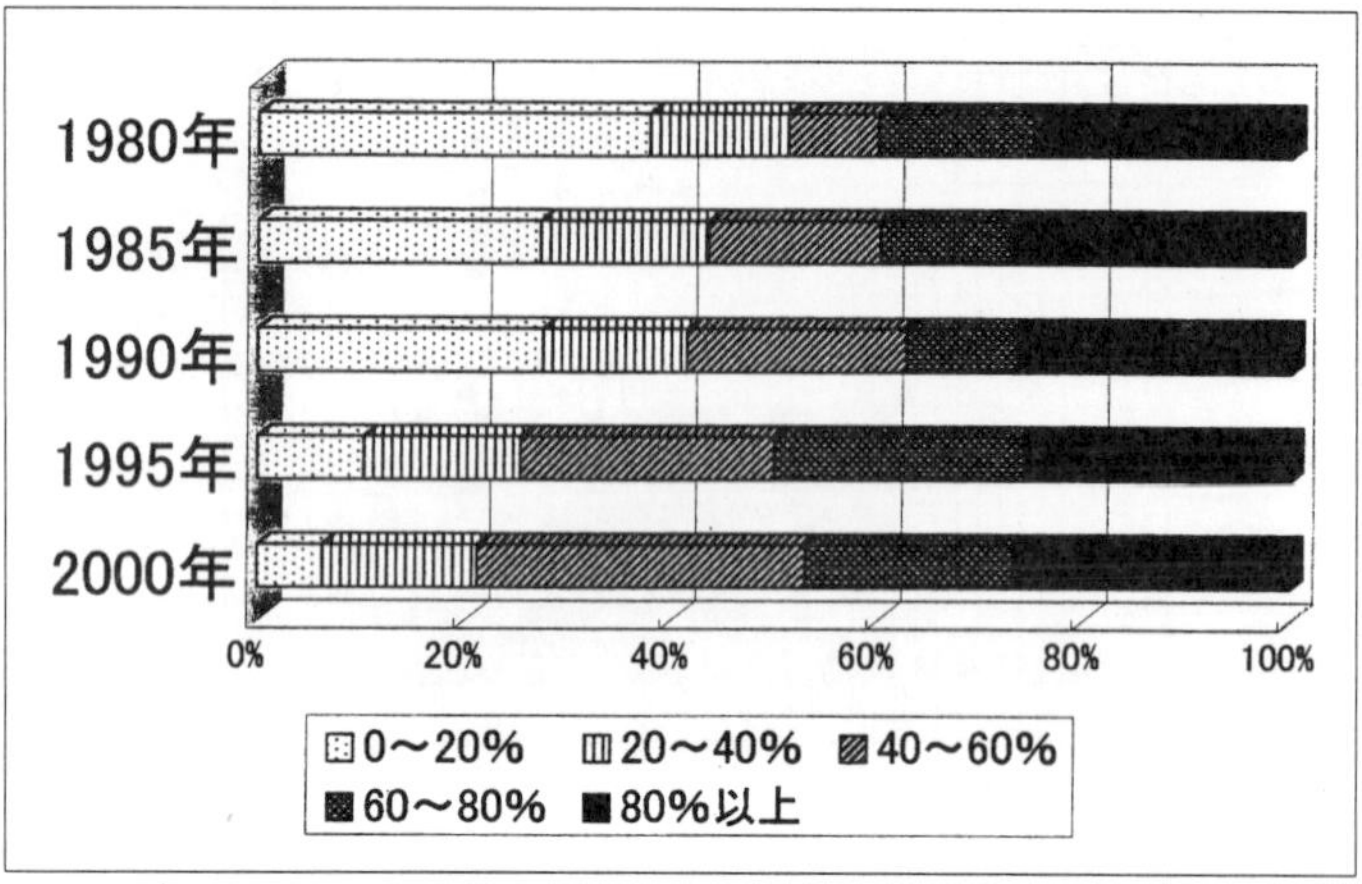

図２　大阪府におけるタンポポ帰化率の変化

下の四分の三に達した。しかし、今回（二〇〇〇年）は、七八・九％と前回よりは四・二ポイント増加したものの、その増加率は小さく、タンポポ調査を始めて以来ずっと増加傾向を続けてきた帰化種のタンポポの比率が、やっと頭打ち状態になったと判断できそうである。また、調査を開始したころに造成され、帰化種の侵入が著しかった千里や泉北ニュータウンでは、今回初めて帰化種の比率が明らかに減少したといううれしい報告も寄せられている。

■——調査結果をどう生かしていくか？

このタンポポ調査を通して、多くの市民や子どもたちが身近な環境を見つめ直す活動に取り組んできた。その結果見えてきたことは、大阪では在来種のカンサイタンポポが多く見られた農村地～里山にかけての自然、この自然は人間が古くから利用してきたもので、子どもたちが魚取りや虫取りをした身近な自然であり、それほど高い評価が与えられてこなかったものだが、そのような身近な自然が近年急速に失われてしまったということである。つまり、戦後数十年間にわたって、私たちが里山や農地の自然を住宅や道路に変えてきた結果が、帰化種のタンポポを増加させてきたのである。そして、私たちは、このような開発の進行の過程で、カンサイタンポポに代表される、メダカやトンボ等も含めた身近な生物がどんどん失われていっていることを知り、さびしさとともに危機感を感じている。カンサイタンポポが生育する自然は、原生林のように自然度が高いものではないが、これまで私たちの生活や子どもたちの成長にいかに重要な役割を果たしてきたかを、私たちはタンポポ調査によって再認識することができた。

専門家でなく、その地域で毎日生活している一般の市民が、生物調査に継続して取り組むことは、自然への興味を深めるとともに、地域の自然の変化をすばやく把握できるという点で、大きな意味を持っている。これからも調査を続けるとともに、今後は在来種が残る豊かな自然を保全していくだけでなく、一部の地域で回復が報告されている在来種が生育できる安定した自然を、都市内にも増やしていくための活動を広めていきたいと考えている。

第３章

さあ、舞台へ飛び出そう

1. 活動を始めよう

1-1　イベントに参加しよう

自然保護関連のイベントには、観察会や講演会、各種の講座、活動報告会などがあります。また、最近は植林をしたり、里山で草刈りや池掘りをしたりする体験型の活動も増えてきました。主催しているのは、地域で活動している市民のグループや自然保護団体、博物館、ビジターセンターなどです。

また、イベントという言葉からはイメージしにくいものですが、「ダムができる」「埋め立てが行なわれる」など緊急の問題が発生した地域では、対策を話し合う集会などが頻繁に開かれています。こうした集会もまた、多くの参加者を求めています。

興味のあるイベントを見つけ、参加してみることは、自然保護活動に加わる第一歩として最も取り組みやすいものの一つと言えます。

自然保護関連のイベント情報を入手するには、今ではインターネットがたいへん便利です。ほかに、新聞のイベント情報欄、家庭面、地域版にも、案内が載っていることがあります。

＊イベントや市民グループを検索できる代表的なウェブサイト

環境らしんばん　http://plaza.geic.or.jp/

環境goo　http://eco.goo.ne.jp/

環境NGO総覧オンライン・データベース　http://www.eic.or.jp/jfge/ngosoran/

NPO広場（日本NPOセンター）　http://www.npo-hiroba.or.jp/

NPORT（NPOサポートセンター）　http://www.nport.org/

ViVa！ボランティアネット　http://viva.cplaza.ne.jp/

自然大好きクラブ　http://www.nats.jeef.or.jp/

＊市民グループや保護団体の活動内容や所在地が調べられる本

『環境NGO総覧』　問い合わせ先：財団法人日本環境協会（TEL：03-3508-2651）

＊ローカル紙やミニコミ誌

地域ごとに、さまざまなローカル紙やミニコミ誌が発行されており、イベント情報のコーナーも設けられている場合がよくあります。「身近なところでこんな講演会をやっているのか！」と思われる催し物がけっこうあるものです。

★問い合わせの際の注意★

博物館やビジターセンターなどは専属の職員がいますが、市民グループの場合は、他に仕事を持ちつつ、プライベートな時間を使って活動している人がほとんどです。特に個人の家が問い合わせ先になっている場合は、電話をする時間帯を選ぶ、気軽な相談室として利用しないなどの配慮を忘れないようにしましょう。

1-2　詳しく調べよう

保護活動をするには、「今、どういう状況にあるのか」「原因は何か」などを知ることがまず必要になります。

最近起きた問題、もしくは、最近大きな動きがあった問題については、その地域の新聞記事を追ってみると、背景や経緯など、かなり細かいことまで知ることができます。図書館には、新聞記事の縮刷版が備えてあるので、これを利用すると、遡って記事を読むことができて便利です。

もちろん、インターネットで検索するというやり方もありますが、インターネットは、情報によって精度にかなりの差があるので、誰が発信しているのか、発信元となっている人や団体が、どの程度その問題にきちんとかかわっているかを注意してみることが必要です。ＷＷＦジャパン、日本自然保護協会（ＮＡＣＳ－Ｊ）、日本野鳥の会などの自然保護団体のサイトにも、さまざまなデータや情報が載っています。

関連する集会やイベントに参加したり、その問題に取り組んでいるグループを探して、資料などをもらうのも一つの方法です。もちろん、最も重要なのは現場に出かけていくことですが、ただ行くだけでは得られる情報は限られています。その場で集会が開かれたり、視察会が開かれるときなどをねらって行くのがよいでしょう。

↓　ＷＷＦジャパン　http://www.wwf.or.jp

↓　日本自然保護協会　http://www.nacsj.or.jp

↓　日本野鳥の会　http://www.wbsj.org/

2. 活動を広げよう、深めよう

2－1 科学的なデータ、詳細な情報を手に入れよう

① 自然の状態や、生息する動植物について調査するには？

自然環境や、野生生物の保護を訴える際には、その環境が重要であることや、その動植物が危機に瀕していることを科学的な調査によって明らかに示すと説得力が生まれます。しかし、市民レベルでは、なかなか学術調査までは手が回らない場合も少なくありません。そこで、専門家に協力してもらう必要が出てきます。

専門家を探すには、中学・高校の先生、大学の教授、博物館の学芸員などにあたってみることになりますが、基本的に個別に探すしか方法はありません。特に当てがない場合は、知り合いからつてをたどり、紹介の紹介で探していくことになるでしょう。

ただし、「ここの自然を何とかしてください」と全面的に「お任せ」されては、専門家といえども

動きようがありません。協力してほしい点を絞って明確に伝えること、自分たちでまずたたき台を作ったうえで、相談に乗ってもらうといった姿勢で臨むことなどが重要です。

協力してくれる専門家が見つかったら、市民でもできる調査の方法を習い、日常的にデータを取って、分析だけは専門家に頼むという段階へ発展させることもできます。こうしたやり方で、貴重なデータを蓄積している市民グループが、すでにいくつも存在しています。

② 行政に情報の公開を求めるには？

A. 情報公開法

一九九九年五月七日、情報公開法（行政機関の保有する情報の公開に関する法律）が成立しました。この法律によれば、誰もが、国の行政機関（各省庁など）の保有する行政文書の開示を請求することができるとされています。

行政が行なう開発事業などに対して、見直しを求めていこうとするならば、その事業の計画について詳しく知る必要が出てきます。しかし、たとえパンフレットなどが作られていたとしても、あまり細かいことまでは書かれていません。また、その事業の是非を問う委員会などが開かれても、非公開といって傍聴できない場合もあります。そこで、情報公開法を用いて、行政に情報の開示を求める必要が出てきます。

B. 情報の開示を求めるには?

情報公開法では、行政の長に対して、特別な場合(個人を特定できる情報が含まれる場合、公にすることで国の安全が脅かされる場合など)を除いて、一般市民からの情報公開の求め(開示請求)に応じることを義務づけています。また、開示請求できるのは、文書のほか、図画、フロッピーディスクや録音テープ、磁気ディスクなどに記録された電子情報も対象となっています。

開示請求をするには、「開示請求書」を作って、該当する行政機関の長に提出します。実際には各地に設けられている「情報公開窓口」に提出するか、郵送することになります。また、開示請求手数料(三〇〇円)が必要となります。

開示・非開示については、開示請求から原則として三〇日以内に文書で通知されます。

C. 詳しく調べるには

情報公開法の条文は、総務省のホームページで見ることができます。開示請求書の書式や、情報公開窓口、情報公開総合案内所の一覧表も載っています。

また、各都道府県には、総務省の情報公開総合案内所が設けられており、情報公開の制度のしくみや、開示請求手続きなどについての相談を受け付けています。

→ http://www.soumu.go.jp/

→ 総務省本省の総合案内所　TEL：03-5253-5111（内線7184）、FAX：03-3519-8733

D．地方自治体（都道府県、市区町村など）の情報公開を求めるには

情報公開法が定めている「行政機関」とは、各省庁など国の行政機関を指しており、地方自治体はこれに含まれていません。都道府県では、それぞれ情報公開条例を定めているので、それに従って情報の開示を求めることができます。市町村レベルでは、情報公開条例を定めているところと、そうでないところがあります。ただし、特に条例が定められていなくても、税金を払っている自治体に対して、住民が情報提供を求める権利は当然、認められるはずです。役場によっては、市民相談窓口などを設けている場合もあります。

E．質問主意書

中央省庁から情報を得たい場合、「質問主意書」を出す方法もあります。ただし、これは国会が開かれている期間中に、国会議員にのみ提出権があるものなので、この方法を使いたい場合は、国会議員に協力を仰ぐ必要があります（211ページ参照）。

2-2 広く知らせよう

① 新聞社、テレビ局へ情報を流すには？

多くの人に情報を伝えたいとき、やはり、マスコミの力は大きいもの。特に、「ここでこんな問題が起きています」「調査をやってこんな結果が出ました」「○○○名分の署名を提出します」「○月×日に講演会を開催します」等々、ニュース性のある話題については、新聞社やテレビ局に情報を提供すれば、報道される可能性があります。

コンタクトを取るには、新聞社やテレビ局に直接、連絡するというのが一つの方法です。新聞社は新聞に、テレビ局は新聞のテレビ欄に、それぞれ代表の電話番号が載っているので、そこへ連絡して、自分が提供したい話題について説明し、担当の部署につないでもらうよう頼みます。

もう一つ、記者クラブを利用する方法もあります。都道府県には「県（都道府）政記者クラブ」というものが設けられていて（ただし、長野県では廃止されています）、その地域の主な新聞社やテレビ局が加盟しています。その記者クラブに情報を流すと、加盟各社に、とりあえず情報を届けることができます。ただし、日々多くの話題が提供される場所なので、注目してもらうためには、持っていって説明するなどの工夫が必要です。

県政記者クラブに情報を流したいときには、県庁の代表か広報課に電話をして、記者クラブについでもらうよう依頼することになります。その際、まず広報課から、流したい情報のあらましを説明するよう求められる場合があるので、準備してから連絡するほうがいいでしょう。

市町村単位でも、地域によっては市政記者クラブを設けているところもあります。また、各自治体では「○○市だより」「○○区報」などの広報誌を作っている場合が多いので、その広報誌に取り上げてもらうよう働きかけてみるのも方法です。

② 企画したイベントを広く告知するには？

講演会やシンポジウム、観察会などのイベントには、できるだけたくさんの人を呼びたいものです。予定した数いっぱい、またはそれ以上の参加者を呼べるかどうかが、イベント成功のカギを握っていると言っても過言ではありません。

多くの参加者を得るためには、著名人を呼ぶ、楽しい企画を盛り込むなどプログラム上の工夫も必要ですが、イベント開催のお知らせをできるかぎり広く届けるようにすることも同じく重要です。

市や区が発行している広報誌や、新聞のイベント案内欄へ投稿するなど、考えつくかぎりの告知先へ情報を出すようにします。もし、知り合いに新聞、雑誌、公共施設、学校などの関係者がいれば、その人に頼んで、案内を掲載してもらったり、チラシを配ってもらったりすることもできるでしょう。

最近では、インターネットもイベント告知先として有力になってきました。環境省が主宰するホームページや、さまざまな自然保護関連のホームページの中には、イベント情報の投稿を受け付け、一覧表にして紹介するサイトを設けているものがあります。いろいろなホームページを覗いて、イベント情報の投稿ができるかどうか、調べてみましょう。

また、ホームページと並んで有効なツールになっているのがメールマガジンです。メールマガジンとは、登録している人に電子メールの形で流されるいろいろなニュースや案内です。メールマガジンによっては、イベント情報を受け付けて配信してくれるものもあるので、そこへ投稿すると効果的です。

情報を流してくれる自然保護関係のメールマガジンを探す方法としては、現時点では口コミが主流となっています。インターネットをよく利用している知り合いなどに聞いてみるほか、活動している中で知り合った人たちなどにイベント情報を電子メールで送り、その案内に「転載歓迎」と書いておくのがよいでしょう。メールを見た人から、さらに情報が広がっていくと同時に、投稿できるメールマガジンを紹介してもらえる可能性も出てきます。

↓ 環境省の情報交流サイト「環境らしんばん」http://plaza.geic.or.jp/
↓ NPO情報ネットワークセンター「全国イベント情報掲示板」http://www.npo-jp.net/

③ 観察会などの野外イベントを行なうときの留意点

日本は、すべての土地に所有者がいます。特に民有地の場合には、観察会などを開く際にも許可を取ったほうがいい場合もあります。法的な手続きまでは必要なくても、所有者がすぐ近くにいる場合は、一声かける配慮が必要です。

基本的に、立入禁止になっている場所以外は入ってかまいませんが、ゴミを散らかさない、動植物をとらない、地面を大きく掘り返さない、たき火などをしないなどの基本的なルールは、参加者にも徹底しておく必要があります。

野外のイベントでは特に、参加者が怪我をする場合なども考えられるので、一口限りの掛け捨ての傷害保険（数百円程度）に加入したほうがよいでしょう。主催者側が手続きをして、参加者全員を加入させることができます。保険会社に連絡をすれば、相談に乗ってもらえます。

2-3　意見を言おう、交渉しよう

①署名を集めて提出するには？

A．署名を集める

自分たちの主張が、一部の限られた意見ではなく、賛同者がたくさんいることを示す効果的な方法の一つが署名です。

署名を集める際に必要なのは、まず、提出先（誰に提出するか）と要求内容（何を求めるのか）を明確にすることです。提出先は、自然環境に影響があると懸念される事業を進めている側だけに限りません。その場所や生き物を保護すべき、あるいは保護できる立場にある人、例えば環境省や、行政の長に提出するほうが効果的な場合もあるでしょう。

署名によって求めていることを実現させるには、誰に、何をしてもらうのが最も効果的なのか。それを見極めるには、誰が、どのような立場でその事業にかかわっているかを調べ、検討することが必要です。

署名用紙は、人から人へ渡っていくので、要求内容や署名集めに至った背景などをよく知らない人も手にする可能性があります。そういった人々にも署名してもらえるよう、署名用紙には、目的や背景、何が問題なのかなども簡潔に記しておくとよいでしょう。署名用紙に書いておくべき内容としては、特に決まりがあるわけではありませんが、一般的に次のようなものがあげられます。

①スローガン（署名の目的）
②提出先の宛名（〇〇県知事〇〇様……など）
③提出先に対して求める内容（要点を絞り込んで簡潔に）
④署名欄（氏名、住所）
⑤問題の背景説明
⑥署名収集の締切期日
⑦署名を主催している団体名・連絡先
⑧署名の送り先（署名の集計をするところの住所、電話・FAX番号）

B・署名を提出する

署名の提出先は、企業の社長であったり、大臣であったり、行政の長であったりしますが、実際に署名簿を手渡す相手は、場合によってさまざまです。署名を提出するときは、提出先の企業や行政機関に連絡をし、主旨を説明したうえで、誰に、いつ渡せるかを問い合わせることになります。

署名を提出する際には、集計結果をまとめた目録を作り、要望書（署名での要求内容を記したもの）、署名用紙の見本などとひとまとめにした提出用の資料を作成しておくと便利です。署名を受け取った側に、必要な情報を的確に伝えることができ、また、マスコミが取材に来た際にも、すぐに渡すことができます。

署名の力をより大きくするため、署名を提出する際には、マスコミに連絡し（204ページ参照）、取材・報道してもらうことが重要です。その際には、署名簿をきれいに綴じ、箱や袋の表に何の署名かを大きく書くなど、行動の意味が見えやすいよう工夫すると効果的です。

C・署名の力

実際問題として、署名を受け取った側が、署名を理由として、開発事業などの変更を発表するケースは決して多いとは言えません。時には、「あれだけの数の署名が集まったのに、はいどうも、と受け取られただけで何も変わらなかった」と感じることすらあるでしょう。しかし、多くの人が計画に疑問を持ち、見直しを要求していることを示す署名の存在は、必ず、事業の見直しを求めていく力の一つになっています。また、一地域の問題と考えられていたことに対して、全国、あるいは海外からも署名が寄せられ、その地域だけで判断すべきではないというとらえ方が生まれる場合もあります。署名を通じて賛同者が増えていくという利点があることは言うまでもありません。

何かを変えていくには、大きなエネルギーが必要です。たった一つの行動で、それを達成できる場合のほうが少ないでしょう。逆に言えば、一見、大きな手応えがなくても、長期的に見れば、それが重要な一翼を担っていた、ということもあります。地道な活動の積み重ねがなければ、ゴールもまた、見えてこないのです。

②国会議員や地方議員の協力を得るには？

国や地方自治体が行なう事業に対して見直しを求めたい場合などは、議員の協力を得られると、大きな力になることがあります。また、政府から情報を引き出すのに有効な手段として「質問主意書」というものがあります。これが出された場合、政府は原則として一週間以内に閣議決定を経て回答しなければならないことになっていますが、国会が開かれている期間中に限られ、しかも、国会議員にしか提出権がありません。保護活動に必要な情報を政府から得るために、質問主意書という方法を使いたい場合は、協力してくれる国会議員を探すことが必要になります。

協力してくれそうな議員を捜すには、『国会便覧』（日本政経出版社）という本が役立ちます。各政党に設けられている「環境部会」という環境関係の問題を議論する部会が紹介されているので、各政党に電話をすれば、そのメンバーについて情報収集ができます。『国会便覧』は市販されているので、大手書店で購入するか、近所の書店で取り寄せてもらえば入手できます。

衆議院や参議院には、環境関係の問題を扱う「環境委員会」があります。こうした部会・委員会のメンバーになっている議員にコンタクトを取るというのが一つの方法です。

また、選挙などの際、議員は公約を掲げます。その中には、環境関係のものもよく見受けられます。まず、どの議員や政党が環境問題について意識が高いのか情報収集をしましょう。また、国会質問とその答弁などは、必ず会議録が作られていて、国立国会図書館で閲覧することができます。また、インターネット上に「国会会議録検索システム」が設けられているので、これを利用するのが便利です。

実際にコンタクトを取るには、『国会便覧』に議員の住所録が載っているので、秘書へ連絡し、状況をわかりやすく説明して、協力を要請することになります。この時、レポート用紙一枚程度の分量に問題点を整理しておくと、多忙な議員も要点をつかんで理解してもらえます。

→ 国会会議録検索システム　http://kokkai.ndl.go.jp/

→ 衆議院の環境委員名簿　http://www.shugiin.go.jp/

→ 参議院の環境委員名簿　http://www.sangiin.go.jp/

③ 請願、陳情をするには？

行政への陳情や国会議員、地方議員への陳情は、環境問題に限らず、さまざまな場合に行なわれています。陳情も、前述した国会議員へのコンタクトと同様、問題点を整理したうえで、関係部局の担当者へ連絡を取り、陳情を申し込むことになります。

実際に陳情に行く際には、問題点を裏付ける資料やデータを揃えて提出できるようにしていくことが重要です。このとき、例えばデータの裏付けを証明してくれる研究者や、国会議員などに同行してもらうと影響力が高まります。陳情を行なったときは、マスコミに取材してもらうチャンスでもあります。問題点や陳情のときの状況などについて発表する記者会見を設け、マスコミを呼びます。

請願は、要望することを文書（請願書）にして提出する方法です。「請願法」という法律もあり、これにのっとったものであれば、行政側は「これを受理し誠実に処理しなければならない」と定められています。書式も決まっているので、提出したい行政機関に問い合わせましょう。請願書の提出にあたっては、議員の紹介が必要とされる場合もあるので注意してください。

④ 行政に要望書や意見書を出すには？

請願書のような書式にのっとらないものとして、要望書や意見書があります。特に書式などが定められていない反面、受け取った側も答える義務を持ちません。しかし、要望・意見を公に表明するという効果があります。行政機関へ要望書を出すときは、要望内容を管轄している機関のトップ、例えば、環境省であれば環境大臣、都道府県であれば知事あてに提出することになります。

まず、「○○湾の○○○○調査に関する要望書」等、どんな問題に対する要望か、わかりやすいタイトルを付けます。次に、要望書の概要を記します。次に、各問題点を項目別に書きます。注目してもらうためには、短時間で内容がわかるよう、要点を簡明にわかりやすくまとめることが何より重要です。ＷＷＦジャパンのホームページ（http://www.wwf.or.jp）には、これまで提出した要望書が掲載されているので、サンプルとしても参考にしてください。

提出する前に、マスコミにも知らせ、取材・報道してくれるよう働きかけましょう。その際、行政に提出する前に新聞などに記事が出てしまうことがないよう、公表してよい日時を明記（○月×日＊＊時△△分解禁、など）します。提出後、記者会見などを行なうと、その日のうちに記事になる可能性もあります。

国の行政機関（省庁など）では、政策の在り方、政策案に対する一般からの意見を受けつける機会を設けています。例えば、環境省などでは、法令や法令に基づく基準の制定・改廃等にあたっては、ホームページを通じて、広く意見を募集しています。このような国民からの意見徴集の手続きを「パブリックコメント」と言います。すべての意見が反映されるわけではありませんが、問題と感じたら意見を出すことが重要です。

⑤ 住民投票を実現させるには？

A. 日本における住民投票の現状

ここ数年、原子力発電所など特定の施設の建設や、大規模な土木工事を伴う公共事業の実施などについて、住民が直接、賛成・反対などの投票を行なう「住民投票」が注目されています。しかし、日本ではまだ、こうした住民投票が市民権を得ているとは言い難い状況にあります。

どのような問題であれば住民投票で是非を問えるのか、また、住民投票の結果をどこまで政策に反映させるかなどについて定めた法律もありません。つまり、住民が、定められた手続き（「B. 住民投票条例の制定」参照）を経て住民投票の実施を求めても、その可否の判断基準は、自治体によって、あるいは行政の長（知事、市区町村長など）によって大きく違っています。また、投票の結果に法的な拘束力（それを守る義務が法律で定められていること）はなく、住民投票の結果とは逆の政策決定がなされることもあります。

それでも、建設される施設や大規模事業の影響を、最も大きく、直接受ける住民一人一人が、その是非について態度を表明することへの欲求は、ますます高まる一方です。それに伴い、住民投票の実施とその結果は、世論と政策に大きな影響を与えるものとなりつつあります。

B・住民投票条例の制定

現時点において住民投票を実現させるには、地方自治体（都道府県、市区町村）に対して「住民投票条例」を定めるよう働きかける必要があります。住民投票条例とは、投票の実施とその目的、期日、投票資格、投票方式などを定めたものです。

地方自治体に対して、住民が、条例（住民投票条例に限らない）の制定を求める際の条件や手続きについては、地方自治法の第五章「直接請求」の部分に定められています。それによると、条例の制定または改廃の請求をするには、その自治体の「議会の議員及び長の選挙権を有する者」の総数の五〇分の一の署名が必要とされています。住民投票を実現するには、まず、この規定以上の数の署名を集め、それを添えて条例の制定を請求し、議会の判断を待つことになります。しかし、前述したとおり、この議会での判断に、法的な基準などがないため、昨今、多くの請求が否決されているのも事実です。

条例の制定を求める署名を含む詳細については、地方自治法の第七四条を参考にしてください（例えば『六法全書』を参照）。

C・法制化への動き

日本は、選挙で選ばれた代表によって議会が運営される間接民主制をとっており、住民投票というやり方は、この制度にそぐわないという批判があります。しかし、住民投票のような「直接民主制」を完全には否定できないことは、欧米諸国の例が示すとおりです。また、選挙前の公約を当選後に翻す政治家がいたり、住民の生活に大きな影響を与える事業であっても事前の説明がなかったり、意見を言う場が設けられないなどの問題が頻発する中、やはり住民投票は、今後、さらに需要が高まっていくものと思われます。

そうした流れに呼応するかのように、住民投票の法制化を進める動きも出てきています。法制化の目的は、有権者の五〇分の一をはるかに超える署名を集めながら議会で条例制定が否決されるケースが続出するような現状を変え、さらに、投票の結果が政策に活かされるようにすることです。また、逆に住民投票の濫用を抑える効果も期待できます。現在、民間団体である住民投票立法フォーラムや、民主党、共産党などが、住民投票を法制化する際の試案を作成しています。

→ 住民投票立法フォーラム　http://www6.ocn.ne.jp/~direct/

↓　住民投票条例の例（岐阜県御嵩町の産廃処理施設関連）　http://www.town.mitake.gifu.jp/

⑥訴訟という形で自然保護を求めるには？

A．「自然の権利」を訴える

一九九五年、鹿児島地方裁判所にゴルフ場建設許可の取り消しを求めて、アマミノクロウサギ、ルリカケスらが、地域代表として訴訟を起こしました。もちろん、ゴルフ場建設によって生存を脅かされる動物たちを代弁する意味で、建設に反対する人々が訴えを起こしたものです。日本で「自然の権利」を求める訴訟が注目されるようになったのはこの頃からです。諫早湾干拓、徳山ダム、士幌高原道路などの問題も、裁判の場で議論されてきています。

自然の側の権利を主張することによって違った視点を持ち、人間の行動を検証・自制していこうというのが、この訴訟の目的の一つです。また、自然保護の問題を裁判という議論の場に持ち込むことによって、開発側と、公の場で議論できるようにすること、世間に広く知ってもらうこともねらいとされています。

B．訴訟の形態

訴訟という形で自然保護を求めていこうとする場合は、「住民訴訟」という形態をとる場合が多くなります。

例えば、北海道の士幌高原道路建設をめぐる裁判は「住民訴訟」でした。地域住民が、「道道（北海道が建設・管理する道路）士幌然別湖線（通称：士幌高原道路）」の建設を違法とし、北海道知事に対して、その建設費用の支出を差し止めるよう求めたものです。住民訴訟は、地方自治体による公金の無駄づかいなどを、住民側がチェックできるようにするために設けられているもので、地方自治法第二四二条の二に基づく行政訴訟の一種です。訴えの対象にできるのは「公金の支出、財産の取得・管理・処分、契約の締結・履行、債務その他の義務の負担」や「公金の賦課・徴収、財産の管理を怠る不作為」に限られます。士幌高原道路の建設は、一九九九年三月、「時のアセス」によって中止となり、裁判は取り下げられました。

訴訟という形をとる場合には、法律の専門家、つまり、弁護士の応援が必要です。東京弁護士会の公害・環境特別委員会と、第二東京弁護士会の公害対策・環境保全委員会は、「公害・環境何でも110番」という窓口を設けて、電話による法律相談を受け付けています（毎月第二・四水曜日、午前一〇時～一二時受付）。

また、「自然の権利基金」という団体が、自然保護のために訴訟や行政手続きを利用する市民やNGOに対し、経済的支援を行なうことを目的に設立されています。

→「公害・環境何でも110番」 TEL：03-3581-5379
→「自然の権利基金」 http://member.nifty.ne.jp/sizennokenri/kikin.html TEL：052-528-1562
→「自然の権利訴訟」に関するホームページ http://member.nifty.ne.jp/sizennokenri/

⑦ 国際会議に参加するには？

A・国際会議とは？

自然保護に関係のある国際条約には、絶滅のおそれのある野生動植物の国際取引を規制する「ワシントン条約（CITES）」、国際的に重要な湿地の保全と賢明な利用を推進する「ラムサール条約」、地球温暖化の防止をめざす「気候変動枠組み条約」、世界の文化遺産と自然遺産を保護する「世界遺産条約」などがあり、毎年、あるいは数年に一度、それぞれの条約に加盟している国々の政府代表が話し合う国際会議が開かれています。これらの会議は、政府間の会議なので、NGOや市民団体は、参加する場合にもオブザーバーという扱いとなり、投票権などは認められません。

また、IUCN（国際自然保護連合）など、国際的な民間組織が開催する国際会議もあります。IUCNが四年ごとに開いている世界自然保護会議には、一定の条件を満たしていて、事前に申込みをしていれば、オブザーバー参加することができます。

B・参加することの意義

国際会議に、NGOや市民グループが参加することのねらいの一つは、会議の結果に影響を与えることです。投票権や決定権はないものの、政府代表に対して、議題として取り上げてほしいこと、宣言や決議をしてほしいことなどを伝えます。結果として、NGOや市民が出した意見が、会議の決議、勧告、宣言、声明などという形で実を結ぶ場合もあります。

二〇〇〇年のIUCN世界自然保護会議では、日本とアメリカの政府に対し、「沖縄島のジュゴン、ヤンバルクイナ、ノグチゲラの保全」を求める勧告が出されました。沖縄の米軍基地計画が、それらの動物たちをおびやかすおそれがあることから、NGOや市民グループが勧告の採択を求めた結果です。この勧告は、法的拘束力（それを守る義務が法律で定められていること）を持ちませんが、国際社会の中で、相当の重みを持つものです。また、IUCNの勧告によって、沖縄のジュゴン、ヤンバルクイナ、ノグチゲラに対する国際的な関心は飛躍的に高まりました。こうした中、日本政府もアメリカ政府も、勧告の内容を無視することはできないはずです。

会議の議題に取り上げられるなど直接的な結果には結びつかなくても、国際社会の関心を喚起できたり、後の活動の発展に結びつくようなネットワークができたりすることも、国際会議に参加することの意義といえます。例えば、会議に参加していた国際的な学会の学者たちが、日本のグループが保護を訴えていた地域の生物学的な価値を認め、開発主体に保全を勧める書簡を送る、というような場合もありました。

C.「国際」がキーワード

国際会議で保全を訴えることで成果が期待できるのは、例えば、世界的にも貴重な動植物がその生存を脅かされている場合や、渡り鳥の保護といった国境を越える問題、万博などの国際的なイベントが地域の生物多様性に影響を与える場合など、「国際」がキーワードになるような問題です。もし、自分が取り組んでいる自然保護問題がそれに当たるのだとしたら、国際会議で訴えることも、活動の視野に入ってくるでしょう。

国際会議でどのようなことを求めていく可能性があるのか、参加するにはどういう手続きをとるべきかは、場合によって違ってくるので、国際会議に参加したことのある自然保護団体や、全国的・国際的な活動をしている自然保護団体に問い合わせ、相談に乗ってもらいましょう。

2-4 活動を継続させよう

① NPO法人格を取るには?

一九九八年一二月一日に「NPO法」が施行され、民間の非営利団体が法人格を申請できるようになりました。法人格を持たないと、団体として銀行口座を開いたり、事務所や土地を借りたりすることができません。NPO法は、こうした点を改善し、民間団体が活動しやすくする目的で整備されました。また、NPO法人格を取るには、定められた条件を備えていることや、納税などが義務づけられるため、社会的に認められた団体として活動できます。

NPO法人を設立するためには、NPO法で定められた書類を添付した申請書を、所轄庁(申請する団体が事務所を開設している都道府県の知事)に提出します。所轄庁から認証されれば、NPO法人として登記することができます。

詳しい情報は、次のようなところで入手できます。

→内閣府国民生活局市民活動促進課(TEL:03-3581-9308　http://www.cao.go.jp/)

→NPO情報ネットワーク(TEL:058-240-1132　http://www.npo-jp.net/)

② 助成金を得るには？

長く活動を続けるには、また、活動を広げていくには、資金が必要です。活動資金を得る一つの方法として、「助成金」を申請することがあげられます。助成金とは、企業や団体が、特定の目的のために実施される活動に対して出資する資金的な支援を指します。自然保護のための調査や研究、普及活動などに助成金を出している企業や団体があるので、そこに申請して、審査をパスすれば、助成を受けることができます。

ＷＷＦジャパンでも、さまざまな自然保護活動に助成を行なっています（234ページ参照）。日本自然保護協会（ＮＡＣＳ－Ｊ）では「プロ・ナトゥーラ・ファンド」という助成基金を扱っています。助成金を受けるメリットは、資金を得られることだけに限りません。行政機関や報道機関への働きかけ等に関して、助言や協力を得られる場合もあります。また、ＷＷＦジャパンや日本自然保護協会では、助成した団体が活動報告をしたり、自然保護活動に興味のある人と交流したりする場を設けています。助成を通して、情報交換やネットワーク化を進めることがねらいです。

どのような企業や団体が、どのような助成を行なっているかの情報は、左記で入手できます。

↓　財団法人助成財団センター　TEL：03-3350-1857　http://www.jfc.or.jp/

↓　日本自然保護協会「プロ・ナトゥーラ・ファンド」

TEL：03-3265-0521　http://www.nacsj.or.jp/

↓『助成団体要覧２０００』（財）助成財団センター編集・発行、六八〇〇円

↓『助成財団　募集要覧』（財）助成財団センター編集・発行、二一〇〇円

③ 指導者養成講座

自然環境や野生動物に関心を持つ人を増やしていこうと考えたとき、人々を自然の中へ連れ出す観察会は、最もストレートで、印象に残るメッセージを伝えるよい方法と言えます。

観察会を実施するのに、特別な資格や、動植物などに関する専門的な知識が絶対に必要ということはありません。逆に、型にはまった解説や、草花や鳥の名前ばかりを教えられる観察会は、参加者にとって印象深いものにはならないでしょう。その意味で、観察会を実施するのには、いろいろな工夫や発想が必要と言えます。

最近では、観察会を主催してきた人々によって、その経験を蓄積し、活かしていこうとする動きが出てきています。日本自然保護協会（ＮＡＣＳ－Ｊ）では、自然観察のボランティアリーダーを養成する目的で「自然観察指導員講習会」を毎年、実施しています。一八歳以上であれば誰でも受講でき、講習会を修了した人たちが指導員連絡会を作っているので、講習の後も情報交換をしたり、

協力して観察会を開いたりすることが可能になっています。

社団法人全国森林レクリエーション協会では、森林や林業に関する解説や、森での野外活動の指導などを行なう「森林インストラクター」という資格制度を設けています。資格試験があり、それに合格すると、森林インストラクターとして登録することができます。ただし、試験科目は森林の仕組み、植生の遷移、動植物、地質、林業、レクリエーション、救急処置法、指導技法など多岐にわたっており、合格者も受験者の一五パーセント程度と、かなりハードな内容です。

このほか、自然学校指導者養成講座（日本環境教育フォーラム）、ネイチャーゲーム指導員養成講座（日本ネイチャーゲーム協会）なども開かれています。

↓日本自然保護協会　TEL：03-3265-0521　http://www.nacsj.or.jp/
↓全国森林レクリエーション協会　TEL：03-5840-7471　http://www.zenmori.org/hureai/
↓日本環境教育フォーラム　TEL：03-3350-6770　http://www.jeef.or.jp/
↓日本ネイチャーゲーム協会　TEL：03-5291-5630　http://www.naturegame.or.jp/

3．自然保護活動の総合的な情報を得るには

①インターネットの自然保護、環境保全関係の総合サイトを利用する

情報収集なら、やはりインターネットが便利。次のようなサイトがあります。

＊ＥＩＣネット（http://www.eic.or.jp/）

環境省が主宰するホームページで、国内外の環境関係のニュースや、環境用語辞典、ＮＧＯ、ＮＰＯ、行政機関、研究機関の一覧、イベントやボランティアの情報などが掲載されています。

＊環境省の公式サイト（http://www.env.go.jp/）

最新の報道発表資料や、環境省の政策、環境保全・自然保護関連の法令、環境白書などを見ることができます。

＊環境ｇｏｏ（http://eco.goo.ne.jp/）

ＮＴＴ-Ｘが主宰する環境に関する情報交流促進サイト。環境問題を調べる、考える、行動するためのナビゲーションを目的としています。

②環境カウンセラー制度を利用する

環境カウンセラーは、環境保全に関する専門的な知識や経験を持ち、市民やＮＧＯ、事業者などが環境保全活動を行なう際に助言できる人材として、環境省が審査し、登録しています。市民による活動に対しては、「市民部門」に登録されたカウンセラーが対応することになっています。経費な

どについては、個別の相談となります。

↓　環境省総合環境政策局環境教育推進室　TEL：03-5521-8231

↓　http://www.eic.or.jp/counselor/index.html

自然保護活動に役立つホームページや本

◎自然保護関連のニュースやイベント情報などを得る

http://www.wwf.or.jp/
WWFジャパンホームページ。TEL：03-3769-1714

http://www.nacsj.or.jp/
(財) 日本自然保護協会（NACS-J）ホームページ。TEL：03-3265-0521

http://www.wbsj.org/
(財) 日本野鳥の会ホームページ。TEL：03-5358-3510

http://eco.goo.ne.jp/
「環境goo」。NTT-Xが主宰する環境に関する情報交流促進サイト。イベント情報も掲載。

http://www.eic.or.jp/
「EICネット」。環境省が主宰するホームページで、国内外の環境関係のニュースや、環境用語辞典、NGO、NPO、行政機関、研究機関の一覧、イベントやボランティアの情報などが掲載されている。

http://www.env.go.jp/
環境省の公式サイト。最新の報道発表資料や、環境省の政策、環境保全・自然保護関連の法令、環境白書などを見ることができる。

http://plaza.geic.or.jp/
環境省の情報交流サイト「環境らしんばん」。イベント情報が入手できる。

http://www.eic.or.jp/jfge/ngosoran/
環境NGO総覧オンライン・データベース。地域で活動している市民グループを検索できる代表的なウェブサイト。

http://www.npo-hiroba.or.jp/
日本NPOセンターが運営する、NPO法人データベース「NPO広場」。全国のNPO法人が検索できる。

http://www.nport.org/
NPOサポートセンターの「NPORT」。全国版NPOのデータベース。

http://viva.cplaza.ne.jp/
ViVa！ ボランティアネット。NPOやボランティア活動をしている人、これから始めてみたい人に役立つ情報を掲載。

http://www.nats.jeef.or.jp/
「自然大好きクラブ」。自然体験イベントの日程・場所の検索ができる。

『環境NGO総覧』環境事業団 監修、(財) 日本環境協会 編、本体5715円
市民グループや保護団体の活動内容および所在地が調べられる本。

◎行政情報の公開を求める

http://www.soumu.go.jp/

総務省ホームページ。開示請求書の書式、情報公開窓口、情報公開総合案内所の一覧表等が掲載。

総務省本省総合案内所　TEL：03-5253-5111（内線7184）、FAX：03-3519-8733

◎行政への請願・陳情、要望書・意見書の提出に役立つ

『国会便覧』吉田信子 編、日本政経新聞社、本体2600円

衆参両院議員一覧、衆参両院の常任・特別委員会委員の一覧などを掲載。

http://www.shugiin.go.jp/

衆議院の環境委員名簿。

http://www.sangiin.go.jp/

参議院の環境委員名簿。

http://www.wwf.or.jp/lib/press/index.htm

ＷＷＦジャパンホームページ。「資料室」に、記者発表資料や要望書、意見書などが掲載されている。

◎住民投票、住民訴訟について調べ、理解する

http://www6.ocn.ne.jp/~direct/

住民投票立法フォーラム。住民投票を法制化する際の試案などを作成。

http://www.town.mitake.gifu.jp/

住民投票条例の例として、岐阜県御嵩町の産廃処理施設関連の事例。

「公害・環境何でも１１０番」

東京弁護士会の公害・環境特別委員会と第二東京弁護士会の環境保全委員会が、電話による法律相談を受け付けている。TEL：03-3581-5379

http://member.nifty.ne.jp/sizennokenri/

「自然の権利訴訟」に関するホームページ。

http://member.nifty.ne.jp/sizennokenri/kikin.html

上記ホームページの中の「自然の権利基金」案内。TEL：052-528-1562

◎自然保護活動を継続させ、盛り立てていくために

http://www.cao.go.jp/

内閣府国民生活局市民活動促進課。ＮＰＯ法人格を取得するための詳細な情報が入手できる。TEL：03-3581-9308

http://www.npo-jp.net/

ＮＰＯ情報ネットワーク。ＮＰＯ法人格を取得するための詳細な情報が入手できる。TEL：058-240-1132

http://www.jfc.or.jp/
財団法人助成財団センターのホームページ。活動助成金についての総合情報。TEL：03-3350-1857
『助成団体要覧２０００』（財）助成財団センター編集・発行、本体6800円
どのような企業や団体が、どのような助成を行っているかわかる。
『助成財団　募集要覧』（財）助成財団センター編集・発行、本体2100円
http://www.eic.or.jp/eic/db/counselor.html
「ＥＩＣネット」の「ライブラリー」で、環境カウンセラーに関する情報が入手できる。問い合わせ先は、環境省総合環境政策局環境教育推進室。
TEL：03-5521-8231
http://www.zenmori.org/hureai/
全国森林組合連合会ホームページの中の「Forest Guide」で森林インストラクター、森林環境教育に関する情報などが得られる。TEL：03-5840-7471
http://www.jeef.or.jp/
（社）日本環境教育フォーラムホームページ。自然学校指導者養成講座の案内、自然体験やイベント情報など。TEL：03-3350-6770
http://www.naturegame.or.jp/
（社）日本ネイチャーゲーム協会ホームページ。指導員養成講座・ステップアップセミナー・イベント情報など。TEL：03-5291-5630
http://www.nacsj.or.jp/
（財）日本自然保護協会（ＮＡＣＳ-Ｊ）ホームページ。自然観察指導員講習会の情報や、助成金「プロ・ナトゥーラ・ファンド」の情報が得られる。
TEL：03-3265-0521

付　録

WWFジャパンの活動について

ＷＷＦジャパンと助成事業

ＷＷＦ（World Wide Fund For Nature）とは

ＷＷＦは、絶滅の危機にある野生生物の保護をめざして一九六一年に設立されました。世界五〇カ国以上に事務局があり、スイスにあるＷＷＦインターナショナルを中心にネットワークで結ばれています。このため、必要に応じて複数国のＷＷＦが協力して活動できるのが大きな利点です。

ＷＷＦジャパン（財団法人　世界自然保護基金ジャパン）は、ＷＷＦネットワークの一員として一九七一年に発足、野生生物とその生息地の保護、地球温暖化防止、環境教育などに取り組んでいます。

ＷＷＦジャパンの助成事業

ＷＷＦジャパンでは、日本国内の自然破壊を食い止めるために、一九七〇年から「助成事業」を続けています。助成事業とは、日本各地で行なわれている市民グループや研究者による自然保護活

助成事業のしくみ

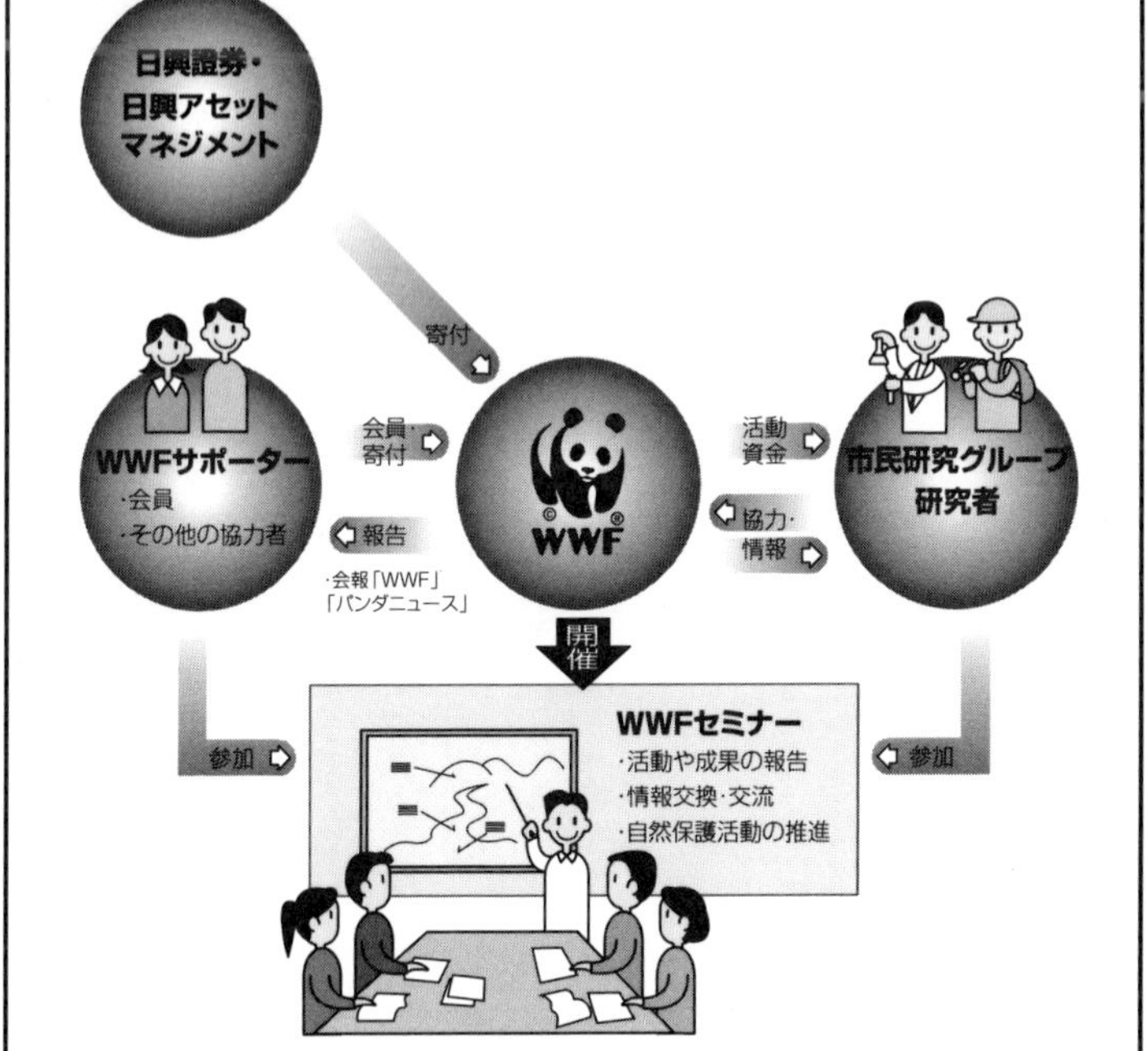

●1970年〜2001年までに行なった助成事業
総件数………延べ643件
支援総額……3億7492万円

動に、活動資金の提供や情報交換、広報や調査の協力などを行なうものです。

ある地域で自然破壊などの問題が生じた場合には、そこにすむ生き物について研究している人や、その地域に住んでいる人が保護活動の中心になることが欠かせません。ＷＷＦジャパンが助成事業を続けている理由もここにあります。

助成事業は、ＷＷＦサポーターから寄せられる会費と寄付で支えられています。また、二〇〇一年度からは、新たに「ＷＷＦ・日興グリーンインベスターズ基金」が加わりました。この基金は、日興證券および日興アセットマネジメントより、両社が扱うグリーン・ファンド（日興エコファンド、日興グローバル・サステナビリティ・ファンド）の信託報酬の一部を寄付として受け、ＷＷＦジャパンが設立したものです。

ＷＷＦセミナー

ＷＷＦジャパンでは、助成を行なったグループや研究者を招いて、活動報告会「ＷＷＦセミナー」を毎年、開催しています。目的は、助成事業を支えてくれているサポーターの方々に活動の成果を報告すること、保護に取り組んでいるグループや研究者どうしの交流の場を作ること、新たなサポーター・新たな活動家の参加を呼びかけることです。

一九九九年から二〇〇〇年にかけては、日本列島を北海道、東北、関東・東海、北陸・信越、近畿・中国、四国、九州、南西諸島の八ブロックに分け、それぞれで「WWF全国セミナー」を開きました。二〇〇〇年六月二五日には、八ブロックから一人ずつ代表を招いて、シンポジウム「二一世紀は市民の世紀」を開催しています。内容は、さまざまな問題に取り組む現場からの声を汲み上げ、日本の自然をこれからどう守っていけばいいのか、その方向づけをしていこうというものです。会場は三〇〇人の聴衆で満席となりました。

シンポジウムの最後には、「六つの活動宣言」も採択されました。この活動宣言を核にして、市民が主役を演じる自然保護活動の、さらなる広がりが期待されています。

六つの活動宣言

＊事業アセスメントから計画段階でのアセスメントへ転換していこう
＊情報公開をルール化していこう
＊広く多くの人を現場に連れ出し、できる範囲で環境教育に貢献しよう
＊科学的調査を行い、データを作って、冷静に論理的な意見を伝えよう
＊インターネットの活用、マスコミとの連携で、地域間の情報格差をなくそう
＊NGOどうしの横のつながりをさらに強化し、情報ネットワークを作り上げていこう

WWFではサポーターを募集中です

WWFの活動は皆さまからの会費やご寄付によって支えられています。

自然保護活動には時間もお金もかかります。結果がすぐに出なかったり、何年もかかる調査や研究が必要なときもあるためです。充実した自然保護活動を続けるためには、会員として継続的に活動を支えてくださる方々の存在が、何より重要です。

あなたもぜひ、WWFの会員になって、一緒に自然保護の輪を広げてください。なお、WWFの会員となることで、何らかの義務が生じることはいっさいありません。

【会員の方には】

自然保護のニュースを掲載した会報、会員証、パンダバッジ(ジュニア会員はキーホルダー)をお送りしています。また、全国30カ所ほど、WWFの会員証で割引が受けられる水族館や美術館、レストランなどがあります。

【会費】

＊ジュニア会員（20歳以下の方）
　年会費1,500円
＊一般会員（年齢に関係なくご入会いただけます）
　会費は以下の中からお選びください。
　年一括：3,000円／5,000円／10,000円／15,000円／30,000円／60,000円
　月々分割：500円／1,000円／1,250円／2,500円／5,000円
＊法人会員もございます。詳しくは法人担当（TEL：03-3769-1712）までお問い合わせください。

【お申し込み方法】

＊ハガキなら　〒105-0014
　東京都港区芝3-1-14　日本生命赤羽橋ビル6F
　WWFジャパン　会員係
＊eメールで　hello@wwf.or.jp
＊電話で　03-3769-1241　WWFジャパン　会員係
＊FAXで　03-3769-1717　WWFジャパン　会員係

本書で紹介した市民グループのホームページ

- 中池見湿地トラスト「ゲンゴロウの里基金委員会」
  http://iwakuma.ecn.fpu.ac.jp/nakaikemi/nakaikemi.html
- 雑賀崎の自然を守る会
  http://www.infonet.co.jp/Aso/s_manyo/index.htm
- とくしま自然観察の会
  http://www.shiomaneki.net/
- 白神山地を守る会
  http://www.infoaomori.ne.jp/~nagainpo/
- 霞ヶ浦・北浦をよくする市民連絡会議
  http://www.kasumigaura.net/asaza/
- 藤前干潟を守る会
  http://www2s.biglobe.ne.jp/~fujimae/japanese/index.htm
- ムササビの会
  http://www.satoyama-club.jp/
- やまねミュージアム
  http://www.keep.or.jp/FORESTERS/
- かもしかの会関西
  http://www.pure.co.jp/~j-serow/
- クビワコウモリを守る会
  http://village.infoweb.ne.jp/~fwja1895/bats/bats.htm
- 市川緑の市民フォーラム
  http://www.i-forum.npo-jp.net/
- 大阪自然環境保全協会タンポポ調査委員会
  http://www.nature.or.jp

＊ 本書で紹介した市民グループのうち、特にホームページを設けていない団体の連絡先等については、WWFジャパン・助成事業担当（TEL：03-3769-1772）までお問い合わせください。

ようこそ自然保護の舞台へ

2001年12月25日　初版第1刷
2002年11月 1日　初版第2刷

編　集　WWFジャパン
発行者　上　條　　宰
発行所　株式会社　地人書館
〒162-0835　東京都新宿区中町15番地
電話　03-3235-4422
FAX　03-3235-8984
郵便振替　00160-6-1532
URL　http://www.chijinshokan.co.jp
E-mail　KYY02177@nifty.ne.jp

印刷所　平河工業社
製本所　イマヰ製本

ISBN4-8052-0700-0 C0036